视线感知与视觉注意转移交互原理和分析

SHIXIANGANZHI YU SHIJUEZHUYIZHUANYI JIAOHU YUANLI HE FENXI

钱 谦　王 锋　冯 勇　殷继彬　著

云南大学出版社
YUNNAN UNIVERSITY PRESS

图书在版编目（ＣＩＰ）数据

视线感知与视觉注意转移交互原理和分析 / 钱谦等
著. -- 昆明 : 云南大学出版社, 2017
ISBN 978-7-5482-3075-5

Ⅰ.①视… Ⅱ.①钱… Ⅲ.①视觉功能—研究 Ⅳ.
①Q436

中国版本图书馆CIP数据核字(2017)第181349号

策划编辑：赵红梅
责任编辑：蒋丽杰
封面设计：王婳一

视线感知与视觉注意转移 交互原理和分析

SHIXIANGANZHI YU SHIJUEZHUYIZHUANYI JIAOHU YUANLI HE FENXI

钱 谦　王 锋　冯 勇　殷继彬　著

出版发行：云南大学出版社
印　　装：云南南方印业有限责任公司
开　　本：787mm×1092mm　1/16
印　　张：11.75
字　　数：230千
版　　次：2017年8月第1版
印　　次：2017年8月第1次印刷
书　　号：ISBN 978-7-5482-3075-5
定　　价：36.00元

社　　址：昆明市一二一大街182号（云南大学东陆校区英华园内）
邮　　编：650091
电　　话：（0871）65033244　65031071
E - mail：market@ynup.com

本书若发现印装质量问题，请与印刷厂联系调换，联系电话：0871-65148757。

前　言

　　脑科学的研究一直是国内和国际上基础研究领域的重要组成部分，而脑认知科学的相关研究是进入 21 世纪以来的一个新的研究方向和研究热点。与传统上偏重于生理学和解剖学的脑研究不同，脑认知研究侧重于对人脑信息处理的动态机制进行观测，最终目标是揭示人脑智能和认知的原理，为社会生产生活等其他领域的发展提供理论基础和指导准则。视觉是人脑获取外界信息的主要渠道，视觉系统是最复杂的感知系统。目前，视觉信息在人脑中的加工过程，特别是高级视觉皮层对物体（如人脸）和范畴的识别，以及视觉注意系统在大脑处理资源分配中的作用还不是很明确。此外，脑与认知科学的相关研究，特别是与视觉认知相关的研究在我国还处于起步阶段。为了更好地普及脑科学知识，尤其是人脑视觉认知原理，迫切需要具有专业性质的研究性科技书籍，而本书可以为本领域研究者提供翔实的、专业的和独创的知识，具有很好的参考价值。本书可作为认知心理学领域高年级本科生和研究生学习视觉注意系统时的教材，也可以供从事脑科学和视觉认知方向的科研人员参考。本书对研究人脑视觉注意系统和符号线索（包括视线、箭头等）所引起的注意转移机制有重要的学术价值和社会意义。

　　本书共有十章。第一章主要从视觉注意转移的角度介绍人脑视觉注意系统，特别是视线感知所引起的注意机制的相关研究的理论、方法和成果；第二、六、七、

八、九、十章主要从各个角度对符号线索（视线、箭头、文字等）所引起的注意转移中的时序效应进行测量和研究；第三、四、五章主要针对视线引起的注意转移的特殊性以及人脸上下文信息的影响进行测量和研究。

本书由钱谦（昆明理工大学）执笔，王锋、冯勇和殷继彬在本书的撰写过程中提出了很多宝贵的意见和建议。本书受国家自然科学基金项目（31300938、61462053、61662042 和 61262042）资助。

由于时间仓促，书中欠妥和纰漏之处在所难免，恳请读者和同行不吝指正。

目　录

第一章　视觉注意转移与空间线索提示范式

1.1　视线感知和视觉注意 ···1

1.2　视觉注意转移和空间线索提示范式 ···9

1.3　视线感知引起的视觉注意转移 ···16

1.4　符号线索提示任务中的时序效应 ···25

参考文献 ···29

第二章　时序效应是在符号线索提示过程中普遍存在的现象

2.1　引　言 ···40

2.2　实验 1 ···43

　　2.2.1　被测试者 ···43

　　2.2.2　实验装置 ···43

　　2.2.3　实验刺激 ···43

　　2.2.4　实验设计 ···44

　　2.2.5　实验流程 ···44

　　2.2.6　实验结果 ···45

　　2.2.7　实验讨论 ···47

2.3　实验 2 ···47

　　2.3.1　被测试者 ···47

　　2.3.2　实验装置和实验刺激 ···47

　　2.3.3　实验设计 ···48

　　2.3.4　实验流程 ···48

　　2.3.5　实验结果 ···48

2.4　讨　论 ··· 53

参考文献 ··· 57

附　录 ·· 59

第三章　真实视线线索所引起的线索提示效应具有特殊性

3.1　引　言 ··· 63

3.2　实验1 ··· 66

　　3.2.1　被测试者 ··· 66

　　3.2.2　实验装置 ··· 67

　　3.2.3　实验刺激 ··· 67

　　3.2.4　实验设计 ··· 68

　　3.2.5　实验流程 ··· 68

　　3.2.6　实验结果和讨论 ··································· 68

3.3　实验2 ··· 69

　　3.3.1　被测试者 ··· 69

　　3.3.2　实验装置、实验刺激、实验设计和实验流程 ········· 70

　　3.3.3　实验结果和讨论 ··································· 70

3.4　实验3 ··· 71

　　3.4.1　被测试者 ··· 71

　　3.4.2　实验装置、实验刺激、实验设计和实验流程 ········· 71

　　3.4.3　实验结果和讨论 ··································· 72

3.5　综合讨论 ··· 72

参考文献 ··· 75

附　录 ·· 77

第四章　以非人脸物体为中心的参考系在线索提示任务中的作用

4.1　引　言 ··· 79

4.2　实　验 ··· 82

　　4.2.1　被测试者 ··· 82

　　4.2.2　实验装置 ··· 82

　　4.2.3　实验刺激 ··· 82

4.2.4　实验设计 ·· 83

4.2.5　实验流程 ·· 83

4.2.6　实验结果 ·· 83

4.3　讨　论 ·· 85

参考文献 ··· 86

附　录 ··· 89

第五章　人脸上下文对线索提示效应的影响

5.1　引　言 ·· 90

5.2　实　验 ·· 92

5.2.1　被测试者 ·· 92

5.2.2　实验装置 ·· 93

5.2.3　实验刺激 ·· 93

5.2.4　实验设计 ·· 94

5.2.5　实验流程 ·· 94

5.2.6　实验结果 ·· 95

5.3　讨　论 ·· 97

参考文献 ··· 98

附　录 ··· 99

第六章　空间一致性在符号线索提示中的重要作用

6.1　引　言 ·· 100

6.2　实验 1 ·· 104

6.2.1　被测试者 ·· 104

6.2.2　实验装置 ·· 104

6.2.3　实验刺激 ·· 104

6.2.4　实验设计 ·· 105

6.2.5　实验流程 ·· 105

6.2.6　实验结果 ·· 106

6.3　实验 2 ·· 109

6.3.1　被测试者 ·· 109

6.3.2　实验装置和实验刺激 ································· 109

6.3.3　实验设计和实验流程 ································· 109

6.3.4　实验结果 ·· 110

6.4　实验 3 ··· 113

6.4.1　被测试者 ·· 113

6.4.2　实验装置、实验刺激、实验设计和实验流程 ········· 113

6.4.3　实验结果 ·· 113

6.5　讨　论 ··· 116

参考文献 ·· 123

附　录 ·· 127

第七章　空间一致性在对称双字母线索提示任务中的作用

7.1　引　言 ·· 130

7.2　实验 1 ··· 131

7.2.1　被测试者 ·· 131

7.2.2　实验装置 ·· 132

7.2.3　实验刺激 ·· 132

7.2.4　实验设计 ·· 132

7.2.5　实验流程 ·· 133

7.2.6　实验结果 ·· 133

7.3　实验 2 ··· 135

7.3.1　被测试者 ·· 135

7.3.2　实验装置、实验刺激和实验设计 ··················· 135

7.3.3　实验流程 ·· 135

7.3.4　实验结果 ·· 136

7.4　实验 3 ··· 138

7.4.1　被测试者 ·· 138

7.4.2　实验装置、实验刺激、实验设计和实验流程 ········· 138

7.4.3　实验结果 ·· 138

7.5　讨　论 ··· 139

参考文献 ·· 141

附　录 ⋯⋯⋯⋯⋯⋯⋯⋯⋯⋯⋯⋯⋯⋯⋯⋯⋯⋯⋯⋯⋯⋯⋯⋯⋯ 142

第八章　基于四方向的汉字线索提示任务研究和分析

8.1　引　言 ⋯⋯⋯⋯⋯⋯⋯⋯⋯⋯⋯⋯⋯⋯⋯⋯⋯⋯⋯⋯⋯⋯ 146

8.2　实验 1 ⋯⋯⋯⋯⋯⋯⋯⋯⋯⋯⋯⋯⋯⋯⋯⋯⋯⋯⋯⋯⋯⋯ 147

　　8.2.1　被测试者 ⋯⋯⋯⋯⋯⋯⋯⋯⋯⋯⋯⋯⋯⋯⋯⋯⋯⋯ 147

　　8.2.2　实验装置 ⋯⋯⋯⋯⋯⋯⋯⋯⋯⋯⋯⋯⋯⋯⋯⋯⋯⋯ 147

　　8.2.3　实验刺激 ⋯⋯⋯⋯⋯⋯⋯⋯⋯⋯⋯⋯⋯⋯⋯⋯⋯⋯ 147

　　8.2.4　实验设计 ⋯⋯⋯⋯⋯⋯⋯⋯⋯⋯⋯⋯⋯⋯⋯⋯⋯⋯ 147

　　8.2.5　实验流程 ⋯⋯⋯⋯⋯⋯⋯⋯⋯⋯⋯⋯⋯⋯⋯⋯⋯⋯ 148

　　8.2.6　实验结果 ⋯⋯⋯⋯⋯⋯⋯⋯⋯⋯⋯⋯⋯⋯⋯⋯⋯⋯ 148

8.3　实验 2 ⋯⋯⋯⋯⋯⋯⋯⋯⋯⋯⋯⋯⋯⋯⋯⋯⋯⋯⋯⋯⋯⋯ 149

　　8.3.1　被测试者 ⋯⋯⋯⋯⋯⋯⋯⋯⋯⋯⋯⋯⋯⋯⋯⋯⋯⋯ 149

　　8.3.2　实验装置、实验刺激和实验设计 ⋯⋯⋯⋯⋯⋯⋯⋯ 150

　　8.3.3　实验流程 ⋯⋯⋯⋯⋯⋯⋯⋯⋯⋯⋯⋯⋯⋯⋯⋯⋯⋯ 150

　　8.3.4　实验结果 ⋯⋯⋯⋯⋯⋯⋯⋯⋯⋯⋯⋯⋯⋯⋯⋯⋯⋯ 150

8.4　讨　论 ⋯⋯⋯⋯⋯⋯⋯⋯⋯⋯⋯⋯⋯⋯⋯⋯⋯⋯⋯⋯⋯⋯ 151

参考文献 ⋯⋯⋯⋯⋯⋯⋯⋯⋯⋯⋯⋯⋯⋯⋯⋯⋯⋯⋯⋯⋯⋯⋯ 153

第九章　箭头线索提示时序效应不能归因于低层特征整合

9.1　引　言 ⋯⋯⋯⋯⋯⋯⋯⋯⋯⋯⋯⋯⋯⋯⋯⋯⋯⋯⋯⋯⋯⋯ 154

9.2　实　验 ⋯⋯⋯⋯⋯⋯⋯⋯⋯⋯⋯⋯⋯⋯⋯⋯⋯⋯⋯⋯⋯⋯ 155

　　9.2.1　被测试者 ⋯⋯⋯⋯⋯⋯⋯⋯⋯⋯⋯⋯⋯⋯⋯⋯⋯⋯ 155

　　9.2.2　实验装置 ⋯⋯⋯⋯⋯⋯⋯⋯⋯⋯⋯⋯⋯⋯⋯⋯⋯⋯ 155

　　9.2.3　实验刺激 ⋯⋯⋯⋯⋯⋯⋯⋯⋯⋯⋯⋯⋯⋯⋯⋯⋯⋯ 156

　　9.2.4　实验设计 ⋯⋯⋯⋯⋯⋯⋯⋯⋯⋯⋯⋯⋯⋯⋯⋯⋯⋯ 156

　　9.2.5　实验流程 ⋯⋯⋯⋯⋯⋯⋯⋯⋯⋯⋯⋯⋯⋯⋯⋯⋯⋯ 156

　　9.2.6　实验结果 ⋯⋯⋯⋯⋯⋯⋯⋯⋯⋯⋯⋯⋯⋯⋯⋯⋯⋯ 157

9.3　讨　论 ⋯⋯⋯⋯⋯⋯⋯⋯⋯⋯⋯⋯⋯⋯⋯⋯⋯⋯⋯⋯⋯⋯ 159

参考文献 ⋯⋯⋯⋯⋯⋯⋯⋯⋯⋯⋯⋯⋯⋯⋯⋯⋯⋯⋯⋯⋯⋯⋯ 160

附　录 ⋯⋯⋯⋯⋯⋯⋯⋯⋯⋯⋯⋯⋯⋯⋯⋯⋯⋯⋯⋯⋯⋯⋯⋯ 161

第十章　中心线索和周边线索所引起的线索时序效应对比

10.1　引　言 ·· 162

10.2　实　验 ·· 163

   10.2.1　被测试者 ·· 163

   10.2.2　实验装置 ·· 163

   10.2.3　实验刺激 ·· 163

   10.2.4　实验设计 ·· 163

   10.2.5　实验流程 ·· 164

   10.2.6　实验结果 ·· 164

   10.2.7　子实验间的比较 ··· 170

10.3　讨　论 ·· 171

参考文献 ··· 173

附　录 ··· 174

第一章 视觉注意转移与空间线索提示范式

1.1 视线感知和视觉注意

人类主要通过视觉系统获得外界的信息，进而形成对外界的认知。而在所有的视觉信息中，他人的面孔无疑是与我们日常生活和社会交往最为相关的、最具有生物显著性的一类视觉刺激。有研究表明，人脸信息具有特殊性，甚至在人脑中存在专门用于人脸识别处理的脑区（Kanwisher、McDermott 和 Chun，1997）。在生活中，人脸能够提供多种社交信息，如性别、年龄、美貌、种族、情绪、身份等。然而，人脸所提供的视线方向信息以及我们对其的感知可能最能体现人与人之间的交往和互动。例如，他人的视线方向通常透露出此人的兴趣和注意焦点所在，而他人的凝视对于我们自身来说可能代表着欣赏（如异性之间）或者挑衅（如同性之间）。视线感知已经被证实不仅仅依赖于对瞳孔、虹膜、巩膜等眼睛组件之间亮度对比和几何结构的分析处理（Ando，2002；Jenkins、Beaver 和 Calder，2006），还受到人脸上下文信息（如表情、方向、角度等信息）的显著影响（Langton，2000；Todorovic，2006；Qian、Song 和 Shinomori，2013）。例如，人脸图像的倒置能够影响我们对视线方向的感知，反映了视线感知中对人脸的整体和结构性处理的过程（Vecera 和 Johnson，1995），不过 Jenkins 和 Langton（2003）发现仅对眼睛区域部分的倒置就足以引起视线感知的变化，这说明了对眼睛区域部分的结构性处理过程，而不是对整个人脸的整体处理，是视线感知的重要处理过程。此外，如图 1-1 所示，我们所观察到的视线方向不仅仅取决于眼睛所包含的虹膜位置，还受到人脸朝向的显著影响。具体来说，当眼睛所包含的虹膜位置靠右而人脸朝向左时（图 a），我们觉得图中人物的视线直视观察者；当我们改变人脸朝向为右后（图 c），此时我们感知到人物的视线朝向右。图 1-2 是 Mona Lisa 效应，即我们所感知到的视线方向不受人物图像显示角度的影响。

图 1-1

图 1-1 为 wollaston 效应。所谓的 Wollaston 效应，即我们所观察到的视线方向不仅仅取决于眼睛所包含的虹膜位置，还受到人脸朝向的显著影响。图 a 中虹膜靠右而人脸朝向左，导致我们觉得图中人物的视线直视观察者。图 b 中虹膜靠左而人脸朝向左，我们觉得图中人物的视线朝向左。注意，图中眼睛虹膜部分是图 a 中眼睛的镜像，所以不存在低层特征的不同。图 c 中虹膜靠右而人脸朝向右，我们觉得图中人物的视线朝向右。注意，图 c 是图 b 的简单镜像。本图出自 Todorovic（2006）。

图 1-2

图 1-2 为 Mona Lisa 效应。所谓的 Mona Lisa 效应，即我们所感知到的视线方向不受人物图像显示角度的影响。本图出自 Todorovic（2006）。

在日常生活中，只要我们的眼睛一睁开就无时无刻不在获取外界的视觉信息，然而人脑对信息的处理是有容量限制的，我们不可能对进入眼睛的所有信息都进行细致的处理。大脑中的视觉注意机制帮助我们对相关的或者重要的外界视觉刺激进行选择性处理，而忽略其他无关或者不重要的刺激。对人脑视觉注意机制的研究从来都是视觉认知研究的重点。人脑视觉注意系统对注意资源的分配一般分为三个阶段：选择、保持和转移。选择指的是某些重要事物（如控制台上的红色按钮）能够把我们的注意焦点吸引到其所在位置，保持指的是重要事物获得我们的注意焦点之后对注意脱离的延缓作用，而转移指的是注意焦点在外界刺激的影响下再次进行分配的过程。这三个阶段是视觉注意从前一时间到后一时间在视野中分配和再分配的必经过程。已有的对视觉注意机制的研究主要集中在对这三个阶段中各种视觉刺激所引起的注意资源分配的比较上。

考虑到人脸上下文和视线方向信息在日常生活中的重要性，就不难理解其和视觉注意系统之间所存在的复杂交互作用。例如，有研究发现对凝视视线方向信息的检测能够在视线刺激未获取注意焦点的情况下完成，而对非凝视视线方向信息的检测则不能在该情况下完成（Yokoyama、Sakai、Noguchi 和 Kita，2014）。此外，人脸上下文信息（如表情）和视线方向信息的不同组合同样能够对视觉注意系统的资源分配产生影响。例如，Doi 和 Shinohara（2013）在研究中发现对带有凝视视线方向的愤怒人脸刺激的搜索速度比带有非凝视视线方向的相同人脸表情的搜索速度要快，说明表情信息和视线方向信息的不同组合对注意分配过程具有显著的影响。对人脑视觉注意机制在资源分配的过程中，人脸上下文和视线方向信息的影响进行深入和系统的研究，一方面有助于进一步揭示人脸和视线感知在人脑信息处理中的特殊性，另一方面也能够为我们深入了解人脑注意系统提供更完善的经验数据和更完备的理论假说。

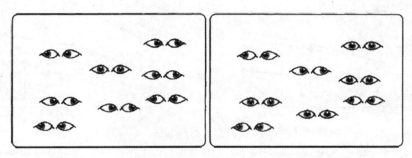

图 1-3　von Grunau 和 Anston（1995）中的实验刺激示例

从视觉注意的三个阶段来看，在注意选择阶段，人眼及其所含视线方向信息能够影响注意资源的分配效率，使我们能够更快地检测和发现视野中的这些重要信息。例如，有研究发现，一张凝视着观察者的人脸比一张看向其他方向的人脸更能吸引观察者的注意力（Miyazaki、Ichihara、Wake H. 和 Wake T.，2012；Conty、Tijus、Hugueville、Coelho 和 George，2006；Senju、Hasegawa 和 Tojo，2005；von Grunau 和 Anston，1995）。以最初报道凝视视线优越性的 von Grunau 和 Anston

（1995）的研究为例，某次测试的实验刺激示意图如图 1-3 所示，左部分所示为向左或者向右看的视线刺激包围的凝视视线目标刺激，右部分所示为向左或者凝视的视线刺激包围的向右看的视线目标刺激。该示例仅表示了所含视线刺激数为 8 的实验刺激，而研究中某次测试的视线刺激数可能为 4、8 或者 12。而实验结果如图 1-4 所示，显示了各种情况下被测试者的平均反应时和标准误差，图（a）部分为目标刺激存在时的实验结果，图（b）部分为目标刺激不存在时的实验结果。我们可以看到，在 von Grunau 和 Anston 的研究中，测试者需要在不同数量的干扰刺激中找到目标刺激，当目标刺激为凝视视线刺激时，干扰刺激为向左或者向右看的视线刺激，而当目标刺激为左（右）视线刺激时，干扰刺激为右（左）视线或凝视视线刺激。在某次测试中，目标刺激可能存在，也可能不存在，被测试者根据发现目标刺激与否按下事先定义好的两个按钮中的某一按钮。对被测试者的反应时分析表明，凝视视线刺激相对于非凝视视线刺激具有两种优势。首先是搜索效率的提高，即当干扰刺激个数增加时被测试者找到凝视视线刺激所需增加的时间较少，反映为图 1-4（a）中凝视视线目标刺激存在时反应时随干扰刺激个数增加而增加的直线具有比非凝视视线为目标刺激并存在时更小的斜率。其次是总体反应时的加快，反映为图 1-4（b）中搜索凝视视线目标刺激时比搜索非凝视视线目标刺激时具有更快的反应时。

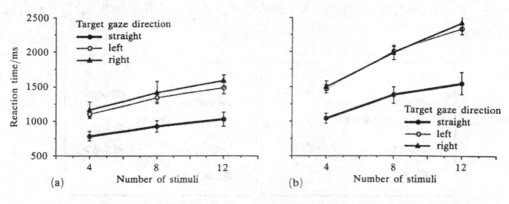

图 1-4　von Grunau 和 Anston（1995）中的实验结果示例

在针对注意选择阶段采用视觉搜索任务的研究中，von Grunau（1995）在最初的研究中发现了凝视视线刺激相对于非凝视视线刺激的两种优势，即搜索效率的提高和总体反应时的加快。搜索效率指的是当非目标刺激的个数增加时，搜索相同目标刺激所需反应时的增加幅度，幅度越低则效率越高；总体反应时指的是搜索目标刺激时被测试者所需反应时的平均值，反应时越快则表明该目标刺激更容易被检测到。在之后的一些研究中，很多研究者没有改变视觉搜索任务中非目标刺激的个数

（Palanica 和 Itier，2011；Doi 和 Ueda，2007；Doi、Ueda 和 Shinohara，2009），因此也就无法复制 von Grunau 和 Anston（1995）关于搜索效率的研究结果。并且，在仅有的三项改变了非目标刺激个数的研究中，只有 Senju、Hasegawa 和 Tojo（2005）复制了 von Grunau 和 Anston 的实验结果。然而，在其他两项研究中，Conty et al.（2006）并未发现凝视视线刺激相对于非凝视视线刺激在搜索效率上的提高，而 Cooper、Law 和 Langton（2013）则基于实验结果认为，凝视视线刺激和非凝视视线刺激在搜索效率上的差异来源于不同情况下目标刺激和非目标刺激之间以及非目标刺激与非目标刺激之间的相似度的差异，而并非前人所认为的在注意选择上的差异。

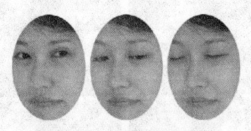

左：凝视　中：非凝视　右：闭眼。

图 1-5　Senju 和 Hasegawa（2005）中所使用的刺激图片示例

一旦视野中的人眼和视线信息（凝视或者非凝视）获得了我们的注意焦点，即处于注意保持阶段，我们将付出更多的努力和花费大量的时间才能从包含凝视视线信息的人眼刺激处移开（Senju 和 Hasegawa，2005）。换句话说，凝视的视线刺激比非凝视的视线刺激更能保持我们的注意资源，防止注意焦点的脱离。在 Senju 和 Hasegawa 的研究中，被测试者需要集中注意在屏幕中心显示的具有不同视线方向的人脸刺激上，然后对出现在屏幕周边的目标刺激进行快速地检测和应答。如图 1-5 所示，人脸刺激的视线方向分为三种：凝视、非凝视（即看向下方）和闭眼，而目标刺激出现位置为屏幕的左边或者右边。这一实验设计与用于测量视线线索所引起的注意转移的线索提示范式不同的地方是目标刺激可能出现的位置平面与人脸刺激的非凝视视线方向垂直，因此能够反映被测试者的注意从不同人脸刺激上脱离所需要的时间，而不会和非凝视视线方向所引起的注意转移效应相混淆。实验结果表明，相对于人脸刺激具有非凝视视线方向或者处于闭眼状态的两种情况，检测目标刺激所需的反应时在人脸刺激具有凝视视线方向的情况下被延迟了。根据这一实验结果，Senju 和 Hasegawa 认为具有凝视视线方向的人脸刺激能够保持观察者的注意，反映了凝视视线感知的特殊性。然而，这一研究结论在 Cooper、Law 和 Langton 的一项采用视觉搜索任务的研究中却并没有被重现。Cooper、Law 和 Langton（2013）

所使用的刺激图片如图 1-6 所示，左图中的目标刺激为凝视视线刺激，右图中的目标刺激为向右看的视线刺激。在 Cooper 等的研究中，被测试者搜索相同目标刺激所需时间并未随非目标刺激的视线方向的不同（凝视或者非凝视）而发生变化。如果凝视视线刺激确实能够保持被测试者的注意，那么被测试者在凝视视线刺激的干扰下搜索目标刺激所需时间就应该较长。因此，凝视视线感知在注意保持阶段的特殊性是否具有广泛有效性（即是否依赖于特定的实验配置和任务）还不明确。

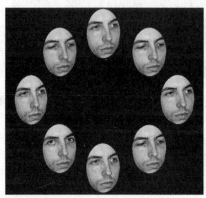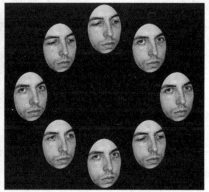

图 1-6　Cooper、Law 和 Langton（2013）所使用的刺激图片示例

在注意转移阶段，他人的视线已经被证明是一种有效的视觉线索刺激，能够加快我们的注意焦点转移到位于视线方向相同方向的其他刺激的过程（Qian、Song 和 Shinomori，2013；Frischen、Bayliss 和 Tipper，2007）。

图 1-7　Senju、Hasegawa 和 Tojo（2005）中所使用的刺激图片示例

由于人脸上下文信息（如人脸的角度、方向、表情等信息）是视线感知中的重要影响因素，其在视线感知和注意系统交互作用中的影响也受到了很多研究者的重视并进行了一系列的研究。例如，针对注意选择阶段的交互过程，Conty、Tijus、

Hugueville、Coelho 和 George（2006）在一项视觉搜索任务中发现被测试者在多个非凝视视线刺激中检测具有凝视视线的目标刺激的速度比在多个凝视视线刺激中检测非凝视视线目标刺激更快，反映了凝视视线刺激在注意选择阶段的优越性。但是，这一优越性只出现在提供视线信息的人脸刺激向左或者向右偏转了 30° 的情况下，而未出现在正脸刺激（即偏转角度为 0）的情况下。此外，Senju、Hasegawa 和 Tojo（2005）发现人脸刺激的倒置能够消除凝视视线刺激和非凝视视线刺激在视觉搜索任务中的不对称性，导致凝视视线刺激在注意选择中的优越性消失。图 1-7 显示了 Senju、Hasegawa 和 Tojo 的实验刺激示例，被测试者需要在多个非目标刺激中找到目标刺激（在图中目标刺激为凝视视线刺激）。而在注意转移阶段的交互过程中，一些研究结果表明，人脸刺激的表情信息能够对视线所引起的注意转移强弱产生影响。例如，Tipples（2006）发现与普通人脸相比，具有恐惧表情的人脸能够对视线所引起的注意转移产生加强的影响。图 1-8 显示了 Tipples 的研究中所使用的刺激图片和实验流程示例。在最近的一项研究中，Lassalle 和 Itier（2015）发现视线所引起的注意转移强弱受到视线线索和表情线索前后显示顺序的显著影响，这表明表情信息对视线所引起的注意转移的影响依赖于特定的刺激组合方式和显示顺序，反映出这一影响的社会和生物学原理。此外，对人脸刺激的旋转、倒置等操作也被证明能够对视线引起的注意转移产生显著影响（Bayliss、di Pellegrino 和 Tipper，2004；Bayliss 和 Tipper，2006；Kingstone、Friesen 和 Gazzaniga，2000）。

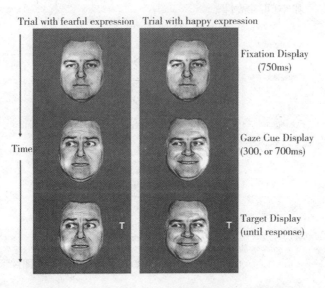

图 1-8　Tipples 所使用的刺激图片和实验流程示例

在笔者之前的一项研究中（Qian、Song 和 Shinomori，2013），试图回答这样的研究问题，即视线线索所引起的注意转移是源于高层视线感知，还是刺激之间的低层空间一致性。如图 1-9 所示，在实验 1 中一张只包含眼睛区域的刺激图被用来提供视线线索，通过把这一刺激图粘贴到三种脸部上下文刺激中来获得三种新的线索刺激。所使用的脸部上下文刺激分别是一张正面的脸、一张与视线方向朝向一致的侧脸以及一张与视线方向朝向相反的侧脸。虽然眼睛区域的本地特征对于所生成的三种线索刺激来说是完全相同的，但是对视线方向的感知却因受到脸部上下文的影响而发生改变。如果视线线索提示效应的产生源于高层的视线感知系统，那么，即使眼睛刺激的本地特征并没有改变，提示效应的大小也应该会随所感知到的视线方向的改变而改变。如果视线线索提示效应是源于视线线索和目标刺激之间的底层空间一致性，那么只对视线方向感知产生影响的脸部上下文就应该不会对线索提示效应的大小产生任何影响。实验 1 的结果表明，即使眼睛区域的本地特征信息保持不变，视线方向感知的改变也会引起视线线索提示效应大小的改变。在实验 2 中，实验刺激是在实验 1 中使用的倒置的两种侧脸刺激。虽然实验 2 采用了与实验 1 完全相同的侧脸刺激，但是被测试者对视线方向的感知却因为刺激的倒置而并未受到侧脸朝向的显著影响。最终的结果也表明，实验 2 中两种刺激所产生的线索提示效应没有显著区别，而实验 2 的结果排除了实验 1 的结果受到侧脸上下文低层空间一致性影响的可能性。由于在各种线索类型之间改变的关键因素是所感知到的视线方向，实验结果表明视线线索提示效应是源于专门的视线感知机制，而不是线索刺激所包含的低层特征和空间一致性。

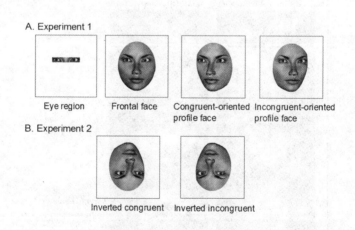

图 1-9　Qian、Song 和 Shinomori（2013）所使用的刺激图片示例

1.2　视觉注意转移和空间线索提示范式

注意转移指的是注意焦点在外界刺激的影响下再次进行分配的过程。如果外界刺激是视觉刺激，并且所分配的注意资源也是视觉注意资源，那么这一转移过程就是视觉注意转移过程。例如，在一个操控台上，操控员的注意会被闪烁的红色按钮所吸引，转移到按钮所在位置以便快速处理相应的紧急事件。当然，注意转移也可以在其他感知层面甚至是不同感知之间发生，例如听觉刺激所引起的视觉注意资源的分配。本书主要关注视觉刺激所引起的视觉注意资源的分配。

视觉注意转移表现出许多不同的产生和控制方式，对于这些不同方式的区分和界定成为注意转移研究的一个主要方面。注意的定向和转移可以是目标驱动的（Goal-driven），也就是说我们能够根据当前任务的要求和我们自身的期望来分配注意资源，使得注意发生定向和转移。另一种分配注意资源的方式是刺激驱动的（Stimulus-driven），在这种分配模式下，注意资源根据视野中各种刺激的自身属性和特征（比如颜色、形状等）来进行分配。在这两种分配模式的基础上，Posner（1980）提出了两种相互独立的注意控制系统来对其进行解释，它们是内源性注意（Endogenous attention）和外源性注意（Exogenous attention）。内源性注意控制下的注意定向和转移是目标驱动和自上而下（Top-down）的处理过程，由观察者的主观意识来控制。外源性注意控制下的注意定向和转移是刺激驱动和自下而上（Bottom-up）的处理过程，能够自动和反射式的发生并且不受主观意识的影响（Klein、Kingstone 和 Pontefract，1992）。从另一个角度来看，注意定向和转移的发生可能伴随着眼球的移动，称为公开定向（Overt orienting），也可能发生在没有相应的眼球移动的情况下，称为隐蔽定向（Covert orienting）。

一般情况下，我们的视觉注意系统主要对自然环境中出现的信息进行处理，但是现实世界的情况通常太过于复杂，不利于对视觉注意机制进行系统的研究。因此，实验和认知心理学家们通常会尝试在实验室这样的可控环境下，将现实世界中的一些重要属性和情况隔离出来单独进行研究。例如，在房间里寻找某一特定物品的常见任务能够被简化为一个应答任务，在这一任务中一个简单的目标物体和几个非目标物体被显示在电脑屏幕上，被测试者需要在屏幕上寻找目标物体，并根据目标物体是否存在来按下相应的应答按钮。这样一来，在现实生活中复杂的视觉搜索任务就被简化为可控的应答任务，通过对不同情况下被测试者按下应答按钮的响应时间（即反应时）进行统计分析，我们就可以总结归纳出注意系统在视觉搜索任务中可能存在的控制机制。接下来将介绍一种被认知心理学家们广泛使用的用于研究视觉注意转移内在机制的研究范式。

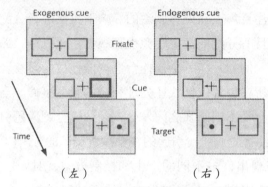

（左）　　　　　　（右）

图 1-10　基本的视觉空间线索提示范式

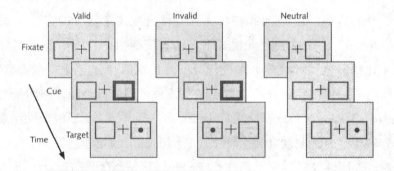

图 1-11　典型的视觉空间线索提示实验中线索指示方向和目标出现位置的三种组合状态示意图

视觉空间线索提示范式（Visual spatial cueing paradigm）是一种著名的用于研究视觉注意定向和转移的实验方法（Posner，1980）。如图 1-10 所示，在一个典型的利用这一范式的实验研究中，被测试者需要快速地按下应答按钮来对出现在注视点左边或者右边的目标刺激（即图中的圆点）做出响应。在目标刺激出现之前，能够预示其可能出现位置的线索刺激将被显示在屏幕上。线索刺激可以是在屏幕左边或者右边显示的突然闪烁的边框或者是在屏幕中心显示的箭头等。从线索刺激出现到目标刺激被显示的这段时间叫做线索—目标刺激呈现时间间隔（Cue-target stimulus-onset asynchrony），英文缩写为 SOA。在图 1-10 的左部分中，线索是在周边视野中突然闪烁的边框（外源性线索），目标出现在线索指示的位置，所以左图中所示是一次线索有效的测试；在图 1-10 的右部分中，线索是带方向指示信息的箭头（内源性线索），目标出现在线索指示方向，所以右图中所示同样是一次线索有效的测试。如图 1-11 所示，在典型的实验中线索指示方向和目标出现位置的组合状态有三种：有效（Valid 或者 Cued）、无效（Invalid 或者 Uncued）和中性（Neutral）。有效指的是目标恰好出现在线索所指示的位置；无效指的是目标没有出现在线索所指示的位置，图中无效状态下目标恰好出现在线索指示方向的反方向；中性指的是没有线索被显示的情况，这一情况反映了没有线索影响下的目标检测效率。如图1-12所示，被测试者的响应时间（或者响应精确度）在线索刺激指示方位和目标物体出现位置一致情况下（即线索有效情况下）显著加快（或者更加精确），而当线索刺激所指示的方位和目标物体出现位置不一致时（即线索无效情况下），被测试者对目标的检测较慢（或者不精确）。当存在中性情况时，被测试者的反应时的变化还可以被区分为 Benefit 或者 Cost，代表了相对于中性情况的目标检测效率的提高或者降低。线索有效和无效情况下反应时的变化被称为线索提示效应（Cueing effect），而在线索无效和有效情况下反应时的差值被用于反映该效应的强弱，线索提示效应被认为反映了注意在线索刺激影响下所发生的定向和转移。

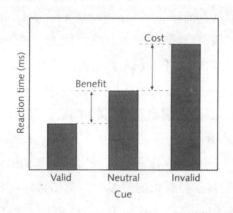

图 1-12　实验中反应时在三种情况下（线索有效、无效和中性）的变化趋势示意图

除了前文所说的检测（detection，即被测试者检测到目标刺激的出现就按下一个特定的按钮），视觉空间线索提示范式还有另外两种任务类型：辨别（discrimination，即被测试者根据目标刺激的身份来决定应该按下两个与身份相关的按钮中的哪一个）和定位（localization，即被测试者根据目标刺激出现的位置来决定应该按下两个与位置关联的按钮中的哪一个）。由于定位任务已经被证实引入了一种刺激—响应映射效应（stimulus–response mapping effect），即线索指示方向和应答行动的自动配对处理，这一效应会导致被测试者反应时的加快（Ansorge，2003）。因此，我们并不能把采用定位任务的实验中被测试者的反应时变化完全归因于线索引起的注意转移效应。所以，在视觉空间线索提示实验中被广泛使用的任务类型是检测和辨别任务。

传统上，空间线索提示范式中的不同线索刺激类型被用于区分内源性注意和外源性注意。一个周边线索（Peripheral cue），比如在周边视野中亮度、纹理、运动或者深度的突然改变，被认为能够自动地吸引我们的注意到其发生的位置（Oonk 和 Abrams，1998；Yantis 和 Hillstrom，1994）。图 1-10（左）显示了一个典型的周边线索提示范式的实验步骤。两个空的占位正方形被显示在中心注视点的左边和右边，在目标刺激出现之前，两个正方形中的随机一个正方形的边框将快速地闪烁一下。这一突然的亮度改变被认为能够反射性的引起注意转移到其出现的位置，加快对出现在该方位的目标刺激的相关处理。也就是说，对出现在闪烁的正方形框中的目标刺激的响应时间要比当目标刺激出现在另外一个未闪烁的正方形框中的时间更快。这种类型的注意转移即便在线索对目标位置没有任何预测作用时（即目标出现在左或者右的概率为 50%）也能够产生。此外，研究还发现即便被测试者事先知晓目标将更有可能出现在线索指示方位的相反位置，这一线索提示效应在较短 SOA 情况下仍然存在（Jonides，1981；Remington、Johnston 和 Yantis，1992）。与在外源性注意控制下具有自动属性的周边线索相比，在注视中心呈现的符号线索（Symboliccue）被认为受到内源性注意（观察者的主观意识）的控制。这里所说的符号线索可以是一个指向某一方位的箭头，如图 1-10（右）所示，也可以是其他的语义线索，比如一个指示目标可能出现位置的单词（"左"或者"右"）。不同于周边线索，这些符号线索并不直接指示一个空间位置，而是需要一定的认知处理来解释其指向意义。很多早期的研究发现符号线索所引起的线索提示效应只在该线索能够在大部分情况下正确提示目标出现位置时（例如目标有 80% 的可能性出现在线索指示位置时）才出现（Jonides，1981；Posner、Snyder 和 Davidson，1980；Müller 和 Rabbitt，1989）。换句话说，符号线索提示效应的产生需要观察者的主观意识控制来转移注意到线索所提示的方位。

外源性注意和内源性注意被认为由不同的神经系统所产生。外源性注意被认为主要发生在后部注意系统（Posterior attention system），包括一些皮层下结构，如丘脑后结节（Pulvinar）和脑上丘（Superior colliculus）（Posner、Cohen 和 Rafal，1982；Rafal、Calabresi、Brennan 和 Sciolto，1989）。内源性注意则可能更多的依赖于前叶（Anterior）皮层区域（Carr，1992；Corbetta、Miezin、Shulman 和 Petersen，1993）和后脑区域（Corbetta、Kincade、Ollinger、McAvoy 和 Shulman，2000）。这两种神经系统被认为相互影响和作用，使得外部显著的感知事件能够以由下至上的方式吸引注意并中断当前任务中由上至下的注意控制过程（Corbetta 和 Shulman，2002）。

外源性注意和内源性注意的另外一个区别是注意转移加工时序的不同。如图

1-13（Peripheral Non-Predictive）所示，周边线索对目标检测所起到的初始有益影响（即线索有效情况下的反应时比无效情况下快）出现的非常快速，但是持续时间却很短，这一效果在线索刺激呈现后的 100ms 时达到最大，然后在 150ms 和 300ms 之间迅速减少（Müller 和 Findlay，1988；Cheal 和 Lyon，1991）。而且，在更长的 SOA 下，对响应时间的加速效果被抑制效果（Inhibition of return，英文缩写为 IOR）所取代。这里的抑制效果指的是对目标刺激的响应时间在线索有效状态下比在线索无效状态下还要慢（Maylor，1985；Maylor 和 Hockey，1985；Posner 和 Cohen，1984）。IOR 效应被认为能够防止注意被重复地分配到已经检测过的位置，从而帮助我们更容易地检测环境中的新事件。相比而言，如图 1-13（Central Predictive）所示，符号线索对目标检测的加速效果出现的较为缓慢，并且能够在较长的 SOA 下保持稳定。这一效果大约在 300ms SOA 时间间隔时达到最大，并且直到较长的 SOA 时间间隔时也没有抑制效果出现。

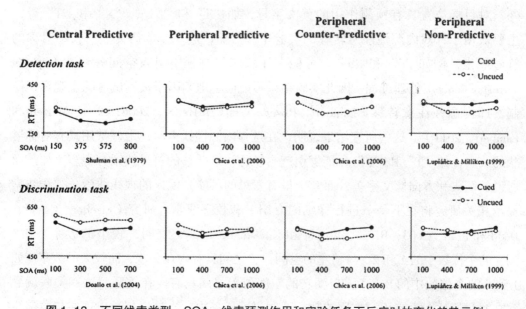

图 1-13　不同线索类型、SOA、线索预测作用和实验任务下反应时的变化趋势示例

说明：Detection 指的是检测任务，即简单的检测目标是否出现，出现则按下应答按钮；Discrimination 指的是辨别任务，即根据目标刺激的身份来选择正确的应答按钮。Cued 和 Uncued 指的就是线索有效性，即有效（Valid）和无效（Invalid）。本图出自 Chica、Martin-Arevalo、Botta 和 Lupianez（2014）。

虽然早期的研究者认为符号线索（例如箭头）受到内源性注意的控制，只能够在该线索明确地对目标出现位置有预测作用时才能引起注意的转移，但是后来的很多研究结果表明，与目标物体出现位置无关的箭头线索同样能够引起线索提示效应

（Hommel、Pratt、Colzato 和 Godijn，2001；Pratt 和 Hommel，2003；Ristic、Friesen 和 Kingstone，2002；Tipples，2002）。此外，一些研究甚至还发现在较短的 SOA 情况下，当被测试者明确知道目标出现位置与线索预测位置相反时线索提示效应仍然能够出现（Hommel Pratt、Colzato 和 Godijn，2001；Tipples，2008），这意味着箭头线索具有和周边线索一样的自动提示属性，不能够被主观意识控制所压制。这些研究结果表明，符号线索所引起的注意转移能够反射性的发生，并且不需要主观意识控制的参与。

视觉空间线索提示范式中所使用的符号线索有很多种。最常见的是各种形状的箭头，箭头线索在早期研究中通常被看作内源性线索而用于研究被测试者主观意识控制所产生的注意转移，但后来发现对目标位置没有预测作用的箭头线索同样能够引起自动的注意转移。除箭头外，带方向性意义的文字同样也能够引起自动的注意转移，例如意思分别为上、下、左、右的英文单词 Top、Down、Left、Right。此外，对目标位置具有预测作用的英文字母，如"d"和"b"、"X"和"T"等，主要被用于针对内源性注意转移的实验中。然而，进一步的研究表明，不对称的符号线索，例如"d"和"b"，可能在注意转移过程中引入空间一致性（Spatial correspondence）处理过程，因此实验结果不能简单地归因于被测试者的主观意识控制，即内源性注意转移（Lambert、Roser、Wells 和 Heffer，2006；Shin、Marrett 和 Lambert，2011）。这些研究结果说明，在选择内源性线索时，最好采用具有对称形状的线索，如"T"和"X"，能够引起自动的注意转移的符号线索有很多（如前面所说的箭头和方向性文字），而其中最有意思的可能是他人的视线线索（视线线索提示相关研究将在下一节进行详细的介绍）和数字线索。研究（Fischer、Castel、Dodd 和 Pratt，2003；Ristic、Wright 和 Kingstone，2006）表明，较小的数字（如 1 到 9 的个位数中的 1 和 2）与朝左的空间位置之间具有内在关联，而较大的数字（如 1 到 9 的个位数中的 8 和 9）与朝右的空间位置之间具有内在关联，这一关联就导致在对目标位置没有预测作用的数字线索提示任务中，当目标刺激出现在与数字线索具有内在关联的位置时的反应时加快，最终导致线索提示效应的产生。Fischer、Castel、Dodd 和 Pratt（2003）所采用的实验流程和实验结果如图 1-14 所示，我们可以看到，当线索刺激为较小的数字时，目标刺激出现在左侧时的反应时比目标刺激出现在右侧时的反应时要快，而当线索刺激为较大的数字时，目标刺激出现在右侧时的反应时比目标刺激出现在左侧时的反应时要快。而与数字线索产生注意转移的方式类似的线索还有时间性文字线索（Ouellet、Santiago、Funes 和 Lupianez，2010）和含有抽象概念的文字线索（Gozli、Chasteen 和 Pratt，2013）等。

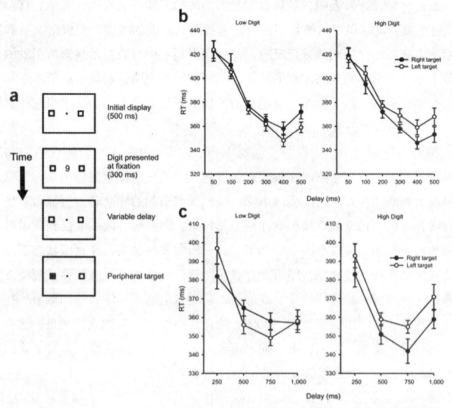

图 1-14 Fischer、Castel、Dodd 和 Pratt（2003）所采用的实验流程和实验结果示例

说明：a 部分显示了实验流程示例，图中的中心符号线索为数字 9；b 部分和 c 部分分别为正式实验和控制实验的结果。

线索感知所引起的注意转移也受到了很多国内研究者的关注。早在 20 世纪 90 年代就有国内的研究者对外源性视觉注意转移的时空特征以及内源性选择注意的属性进行了探索（杨华海、赵晨、张侃，1998；赵晨、杨华海，1999）。而近年来，对线索引起的注意转移的研究仍然是国内研究者们探索大脑认知机制的一个重要着手点。例如，刘超、买晓琴和傅小兰（2005）在内源性注意与外源性注意对数字加工的不同影响方面进行了研究。主要研究结果如下：在内源性线索和外源性线索的注意条件下，大小数都没有出现符号线索提示效应；但在非注意条件下，大数没有出现符号线索提示效应，而小数出现了符号线索提示效应，并且内源性线索的符号线索提示效应强度小于外源性线索。此外，张宇和游旭群（2012）研究了负数的空间表征所引起的空间注意转移。具体来说，实验 1 探讨了只有负数单独呈现作为线索时能否引起空间注意的转移，结果表明，对负数绝对值大小的加工能引起空间注意的转移。实验 2 进一步探讨了在正数、负数和零三种数字混合作为线索能否引起空间注意的转移，结果表明，对负数数量大小的加工能引起空间注意的转移。实验3再次用正数、负数和零三种数字混合作为探测刺激前的线索，但仅对负数和零作为提示线索之后的探测刺激进行反应，又一次得到了由有效提示线索所引发的对数字数量大小加工引起的空间注意的转移。其研究结果说明，对负数的低水平加工可以引起空间注意的转移，然而是对绝对值的加工还是数量大小的加工引起注意转移依赖于共同参与的其他数字加工产生的影响。

而在另一项研究中，张智君、赵亚军和占琪涛（2011）结合注视适应和注视线索提示范式发现：知觉到的注视线索角度越大，其线索提示效应越强；知觉适应后被测试者判断注视方向的准确性下降，注视线索引起的注意转移量显著减少。可见，对注视方向的知觉能直接影响注视追随行为，而注视方向抽取受到刺激显著性（注视角度）和知觉适应等因素的调节。这一研究发现说明，在意识状态下注视知觉与注视追随存在直接联系，即可能存在从注视知觉系统到注意转移系统的皮层加工通路；注视追随并非纯粹的反射式加工，它受自上而下知觉经验的调节。相关的研究还有很多（赵亚军、张智君，2009；潘运、白学军、沈德立，2011；沈模卫、高涛、刘利春、李鹏，2004；王一楠、宋耀武，2011）。这些研究丰富了我们对注意分配机制的了解，为后续研究提供了经验和基础。

1.3　视线感知引起的视觉注意转移

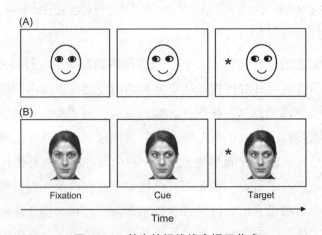

图 1-15　基本的视线线索提示范式

说明：图中（A）部分的视线线索由卡通人脸提供，目标出现在视线方向的相同方向，是一次线索有效的测试。图中（B）部分的视线线索由真实人脸提供，目标出现在视线方向的相反方向，是一次线索无效的测试。本图出自 Frischen 和 Tipper（2007）。

除了箭头线索，在注视中心呈现的视线线索（见图 1-15）也能够自动引起注意的转移（Frischen、Bayliss 和 Tipper，2007）。这一现象说明对他人视线方向的编码和理解能够使得我们发现他人当前注意的焦点，并根据这一焦点来匹配我们自己的注意方向。作为对视线线索提示效应最初的研究，Friesen 和 Kingstone（1998）设计了实验来验证是否对他人视线方向的感知能够影响成年人的注意分配和转移。被测试者对随机出现在一个卡通脸刺激左边或者右边的目标文字进行应答响应。卡通脸的瞳孔在目标文字出现之前随机地出现在眼睛的左边、右边或者正中间，所以卡通脸刺激的视线可以指向左边、右边或者正前方。在线索有效状态下，目标出现在视线所指向的位置，而在线索无效状态下，目标出现在视线方向的相反位置。在中性状态下，卡通脸看向正前方，目标刺激随机地出现在左右位置。实验结果如图1-16所示。虽然被测试者已经被告知视线方向并不能够预测目标刺激出现的位置，实验

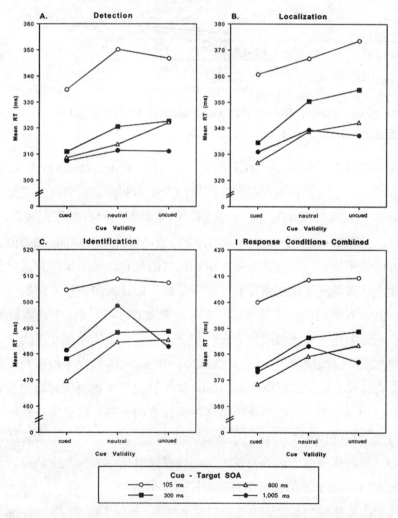

图1-16 Friesen 和 Kingstone（1998）研究中的平均反应时变化趋势图

结果仍然表明，线索有效状态下的响应时间（即反应时）要比线索中性状态下快（有效线索产生了有益的提示效果），而线索无效状态下的响应时间要比线索中性状态下慢（无效线索造成了响应时间的流失）。另外，该研究还发现线索提示效应在较短的 SOA（105ms 和 300ms）时间间隔时就能够被检测出来，并在较长的 SOA（1005ms）时间间隔时消失。

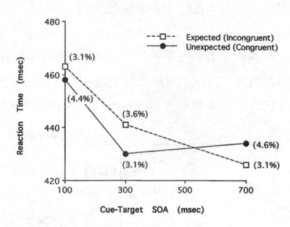

图 1-17　Driver、Davis、Ricciardelli、Kidd、Maxwell 和 Baron-Cohen（1999）研究中实验 3 的平均反应时结果变化趋势图

在另外一项研究中，Driver、Davis、Ricciardelli、Kidd、Maxwell 和 Baron-Cohen（1999）采用看向左或者右的真实人脸图像作为线索刺激。被测试者需要对出现在人脸刺激两侧的目标刺激的身份进行辨别，线索刺激与目标刺激出现的时间间隔 SOA 为 100ms、300ms 或者 700ms。实验结果与 Friesen 和 Kingstone 相类似，虽然视线线索的方向并不能预测目标刺激的身份和出现的位置，被测试者对目标刺激的响应时间在线索有效情况下比线索无效情况下要快，即注意向视线方向的相同方向发生了转移，甚至在该研究的实验 3 中（实验结果如图 1-17 所示），当被测试者被明确告知目标刺激出现在视线线索方向的相反方向的概率比出现在视线方向的相同方向的概率高出 4 倍的情况下，仍然在较短的 300ms SOA 情况下检测到了注意向视线方向的显著转移。而只有在更长的 700ms SOA 情况下，被测试者的注意才转移到了视线方向的相反方向，这说明被测试者根据线索的有效性信息主动地转移注意到目标最有可能出现的位置（Downing、Dodds 和 Bray，2004）。这些实验结果说明，在视野中心呈现的视线线索能够自动地引起注意向其指示方向发生转移，并且这一过程在较短 SOA 情况下不能够被主观意识控制所抑制。

视线线索同样能够引起显式的注意转移。Mansfield、Farroni 和 Johnson（2003）

测量了被测试者从中心视线线索刺激到在左或者右显示的目标刺激的眼跳时间，发现线索有效情况下的眼跳时间显著加快了。有趣的是，实验还发现仅仅是对中心视线线索的感知就能够无意识地引起被测试者的眼球向线索指示的方向发生跳动，而此时目标刺激还没有被显示。这说明对他人视线方向的感知能够自动地引起观察者眼部肌肉的运动编码，导致观察者注意方向的显式转移。在一项采用了不同实验任务的研究中，Ricciardelli、Bricolo、Aglioti 和 Chelazzi（2002）调查了对视线方向的感知是否能够影响目标驱动下的眼跳过程。在这一实验中，两个潜在的目标刺激被同时显示在屏幕上，被测试者需要根据一个中心指示线索来决定需要移动到的目标刺激，而在目标刺激出现之前，一个与实验任务无关的提供了视线线索的人脸刺激被显示在屏幕中心。实验结果表明，当人脸刺激的视线方向与眼跳指示的目标刺激位置不同时，被测试者的眼跳执行准确率下降了。而当箭头刺激被用于替换人脸刺激时，其对眼跳准确率的影响没有人脸刺激时大。这些研究结果表明，对视线线索的感知能够触发自动的显式和隐式的注意转移（Friesen 和 Kingstone，2003a）。

早期的视线线索提示相关研究并未发现在视线线索提示中存在 IOR 现象（即响应时间的抑制效应）。Friesen 和 Kingstone（2003b）的实验结果表明，同一刺激引起的视线线索对响应时间的易化效应（Facilitation）和周边线索对响应时间的抑制效应（Inhibition）能够在相同的 SOA 和不同的位置情况下同时发生和存在。图 1-18 表示了该研究的实验流程，D（Directed）表示视线线索看向除自己所在位置外的三个位置之一，S（Straight）表示视线线索看向观察者，G（Gazed-at）表示目标事件（即圆形刺激的消失）出现在视线线索所指向位置，U（Uncued）表示目标事件未出现在线索所指向的位置，O（Onset）表示目标事件就出现在视线线索所在的位置。在该研究中，四个空圆圈在屏幕上显示，提供直视或斜视的卡通人脸在其中一个圆圈内突然出现。因此，同一个刺激可以同时提供视线线索和突发的周边线索信息。响应时间在目标刺激出现在视线指示方向时被加快（易化），而在目标刺激出现在周边线索指示位置时被减慢（抑制效应，IOR），并且 IOR 效应的大小不受视线线索同时存在与否的影响。根据这一实验结果，Friesen 和 Kingstone 认为 IOR 和视线线索提示是两种分离和独立的现象，并且视线线索不能产生 IOR 效应。但是易化和抑制效应已经被证实即使被同一个线索所激发，也能够同时产生和存在（Danziger 和 Kingstone，1999）。因此，Friesen 和 Kingstone 的研究并没有揭示视线线索提示缺少 IOR 效应的真正原因。

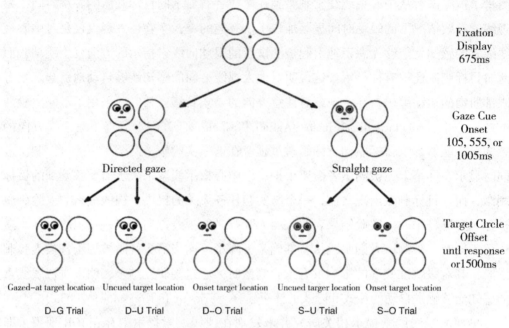

图 1-18　Friesen 和 Kingstone（2003b）的实验流程示意图

　　在一系列实验中，Frischen 和 Tipper（2004）发现抑制效应确实能被视线线索所激发。他们发现在前人未发现 IOR 效应的研究中存在一些实验设计上的问题。首先，视线线索通常被一直显示在屏幕上直到目标刺激出现，但是即使是在采用周边线索的研究中，IOR 效应在线索和目标显示具有时间上的重复时就不能够被观察到（Collie、Maruff、Yucel、Danckert 和 Currie，2000；Maruff、Yucel、Danckert、Stuart 和 Currie，1999）。其次，Posner 和 Cohen（1984）认为抑制效应出现的一个条件是注意必须从线索指示位置撤回（Danziger 和 Kingstone，1999）。想要撤回注意时，研究者们通常在中心注视点显示一个突然出现的第二线索刺激，而在视线线索提示范式中并没有设计除视线线索之外的第二线索刺激。Frischen 和 Tipper 通过移动人脸刺激的视线使其回到眼睛中间位置来撤回注意并在目标刺激出现之前一段时间就消除中心线索刺激，避免目标刺激和线索刺激出现重叠显示。在这样的实验环境下，他们确实发现了可靠的抑制效应，但是这一效应只出现在较长的2400ms SOA 情况下，并且在 1200ms SOA 情况下，线索提示效应不显著（Friesen 和 Kingstone，1998；Langton 和 Bruce，1999）。这一发现与周边线索提示中的 IOR 现象具有很大的不同，通常周边线索提示中的抑制效应在线索出现 200ms 之后就开始出现，并一直持续到 1000ms 左右（Samuel 和 Kat，2003）。Frischen 和 Tipper 认为他人的视线是一种很强的注意线索，因此观察者的注意很难从线索指示位置撤回。

在1200ms时，同时发生的对响应时间的易化效应和抑制效应可能互相抵消（Danziger 和 Kingstone，1999；Posner 和 Cohen，1984），而只有在更长的 SOA 条件下，抑制效应才能够取得主导地位并显现出来。在另外一项研究中，如图 1-19 所示，Frischen、Smilek、Eastwood 和 Tipper（2007）发现只有人脸刺激在线索和目标刺激出现的中间时刻消失不见的情况下，才能够在 2400ms SOA 情况下观察到 IOR 效应。这些研究表明，视线线索刺激能够在所指示位置引起延长的易化效应和延期出现的抑制效应。

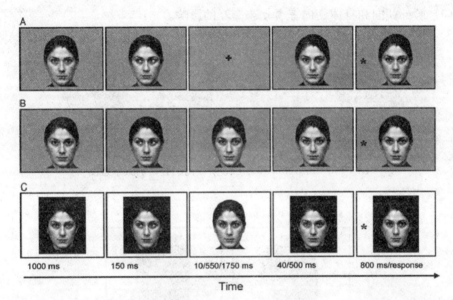

图 1-19 Frischen、Smilek、Eastwood 和 Tipper（2007）中所使用的刺激和实验流程示意图

除了视线方向信息，人脸还提供了很多其他的关于他人的信息，这些信息包括从底层的结构信息比如脸部朝向，到语义表征如人脸身份信息，以及在情感和社会层面的信息如脸部表情信息所反映出的喜好等。视线线索所引起的注意转移同样受到这些脸部信息的影响。

Langton 和 Bruce（1999）在研究中发现与视线方向类似，脸部朝向同样能够引起观察者的注意向所朝向的位置发生转移。如图 1-20 所示，在他们的研究中所使用的线索刺激是完全朝向左或者右的侧脸刺激，对目标刺激的响应时间在目标位置和侧脸朝向一致情况下比不一致情况下更快。与 Langton 和 Bruce 的结论相反，Hietanen（1999）同时对视线方向和脸部朝向进行了操作（如图 1-21 所示），发现当人脸刺激的脸部朝向向左或者向右偏移 30° 时，脸部朝向和视线方向一致时的线索提示效应反而降低了，相同的结果在针对头部朝向和身体朝向一致性的研究中也被发现（Hietanen，2002）。Hietanen把这一发现归因于观察者对他人注意方向的感知计算是以他人为参照标准进行的，由此导致当脸部朝向和视线方向一致时，人脸所提供的注意方向对于提供者来说是朝向正前方的，对观察者来说不具有转移注意的作用。此外，一些研究（Kingstone、Friesen和Gazzaniga，2000；Langton和Bruce，1999）还发现颠倒的人脸能够对视线线索提示效应造成损害，但是Tipples（2005）的实验结果表明，这种损害并不是不可避免的。虽然脸部朝向在注意转移中的影响和作用还需要更多的研究来揭示，但是我们已经能够确认注意转移受到视线方向、脸部朝向和身体朝向三者动态交互的影响。

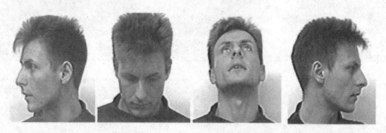

图1-20　Langton和Bruce所使用的线索刺激示意图

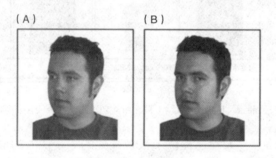

图1-21　Hietanen（1999），（2002）所使用的刺激示例

说明：本图出自Frischen和Tipper（2007）。

除了对人脸刺激的不同感知方式（如脸部朝向）的影响外，视线线索提示同样受到自上而下处理的影响。如图1-22所示，Ristic和Kingstone（2005）给被测试者呈现了一个既能够被看成包含眼睛的人脸，又能被看成卡通车的线索刺激，并发现只有在被测试者被告知线索刺激表示的是眼睛时该线索刺激才能引起无意识的注意转移。这一结果说明，线索刺激必须被感知为包含眼睛才能够引起注意的转移，并且一旦这一感知被激活，那么即使要求被测试者将线索刺激看成卡通车也不能够抑制注意转移的发生。而在另一项采用相同刺激和任务的研究中，Kingstone、Tipper、Ristic和Ngan（2004）发现STS脑区的激活程度在人脸情况下比卡通车情况下要高。

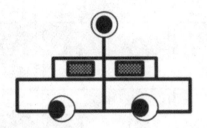

图 1-22 Ristic 和 Kingstone（2005）所使用的刺激示例

在采用不同类型人脸刺激的实验中都发现了近乎相同的视线线索提示效应。例如，采用简单的卡通人脸的研究（Friesen 和 Kingstone，1998；Ristic、Friesen 和 Kingstone，2002；Quadflieg、Mason 和 Macrae，2004）、采用电脑生成的人脸的研究（Bayliss di Pellegrino 和 Tipper，2004、2005）以及采用真实人脸照片的研究（Bayliss 和 Tipper，2005；Frischen 和 Tipper，2004、2006）。因此，当研究者们（Frischen 和 Tipper，2004）发现人脸的身份对视线线索提示不产生显著影响时，我们并不惊讶。但是进一步的研究发现，在某些情况下人脸的身份信息确实在视线线索提示中被加工和处理（Frischen 和 Tipper，2006；Deaner、Shepherd 和 Platt，2007）。例如，Deaner、Shepherd 和 Platt（2007）发现熟悉的人脸能够产生比陌生的人脸更强的视线线索提示效应，不过这一发现只对女性被测试者成立。

Hietanen 和 Leppänen（2003）针对视线线索提示范式中人脸表情的影响进行了一系列实验。虽然这些实验对多种表情（高兴、愤怒、恐惧和中立表情），多种刺激类型（卡通人脸和真实人脸），以及多种 SOA（从 14ms 到 600ms）进行了测试，最终却没有发现表情对视线线索提示的显著影响。Mathews、Fox、Yiend 和 Calder（2003）对被测试者的特质焦虑（trait anxiety）程度进行了区分，发现对于具有较高焦虑程度的被测试者来说，恐惧表情的视线刺激产生了比中立表情的视线刺激更大的线索提示效应。Tipples（2006）注意到在 Hietanen 和 Leppänen（2003）以及 Mathews、Fox、Yiend 和 Calder（2003）的研究中，人脸刺激的表情在朝向左或者右的视线线索出现之前就已经显示在屏幕上了。在 Tipples（2006）的研究中（如图 1-8 所示），当视线线索指示方向变化的同时，人脸刺激的表情从中立转变为恐惧等表情，由此形成的带有恐惧表情的线索刺激在普通被测试者中也引起了比中立表情线索刺激更强的线索提示效应。相关研究结果说明，人脸的可变属性如表情，同样在视线线索提示中被加工和处理，进而影响提示效应的大小。

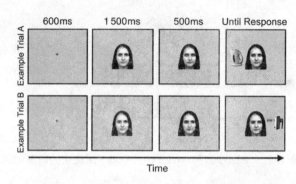

图 1-23　Bayliss 和 Tipper（2006）所使用的刺激和实验流程示意图

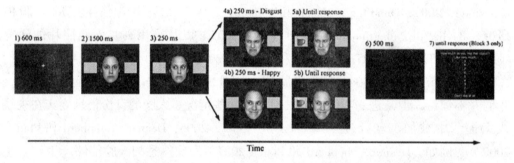

图 1-24　Bayliss、Frischen、Fenske 和 Tipper（2007）所使用的刺激和实验流程示意图

　　前面介绍的都是人脸属性在视线线索提示过程中的作用和影响，而在视线线索提示与人脸属性的交互作用中，同样存在视线线索提示对人脸喜好和评价的影响。如图 1-23 所示，Bayliss 和 Tipper（2006）在实验中采用了多张人脸刺激来提供视线线索，其中一些人脸总是看向目标物体出现的方向，另一些人脸总是看向目标物体出现位置的相反方向，而剩下的人脸看向目标物体出现位置的几率只有一半。实验结果表明，视线线索提示效应的大小在三种情况下没有显著区别，但是被测试者对三种人脸信任程度的评价受到了显著影响。具体来说，被测试者对从不正确指示目标物体出现位置的人脸的信任评价比对总是做出正确指示的人脸的评价低。采用类似的实验方法，Bayliss、Paul、Cannon 和 Tipper（2006）发现了一个类似的现象，那就是被测试者对目标物体的喜好程度受到目标物体是否出现在视线线索指示方位的显著影响。具体来说，总是出现在视线线索指示位置的物体比总是出现在相反位置的物体更受被测试者喜爱。Bayliss、Frischen、Fenske 和 Tipper（2007）进一步发现被测试者对目标物体喜好程度的评价受到视线线索提示与人脸刺激表情的交互作用的显著影响。图 1-24 显示了 Bayliss、Frischen、Fenske 和 Tipper 中的实验流程。

他人的视线方向同样能够影响观察者对视线信息提供者以外的其他人的情感评价。Jones、DeBruine、Little、Burriss 和 Feinberg（2007）在实验中给被测试者观看一张男性人脸和一张女性人脸，其中女性人脸的视线看向旁边的男性人脸，并且具有微笑或者中立表情。实验结果表明，对于女性被测试者来说，对男性人脸的魅力程度评价在看向男性人脸的女性人脸表情为微笑时比女性人脸表情为中立时要高。但是对于男性被测试者来说，评价结果刚好相反，即当女性人脸表情为中立时对男性人脸的魅力程度评价比女性人脸表情为微笑时要高。这说明他人视线方向和表情的影响受到观察者、视线提供者、表情提供者三者的交互影响。

1.4　符号线索提示任务中的时序效应

近年来，一些研究者开始关注视觉注意转移在时间序列上的属性。具体来说，研究的是过去时间点的注意转移状态对当前注意转移过程的影响。当线索刺激显示之后，与当前任务相关的目标刺激可能出现在线索刺激所提示的方位，也可能没有出现在其所提示的方位，我们把这两种状态分别称为线索提示有效状态和线索提示无效状态。对目标刺激的检测速度在提示有效状态时要比在提示无效状态时快，这一现象被称为线索提示效应。线索提示效应的大小被认为反映了线索刺激所引起的注意转移的强弱。Mordkoff、Halterman 和 Chen（2008）发表的一篇文章中报道了这样一个现象：如果连续地对周边线索所引起的注意转移进行测试，当前测试的线索提示效应将受到前一次测试中线索提示状态的影响。具体来说，如果前一次测试中的线索提示是有效的，后一次测试中的线索提示效应将增大，而如果前一次测试中线索提示无效，后一次测试中的线索提示效应将减小。在另外一篇文章中，Dodd 和 Pratt（2007）测试了周边线索所引起的注意转移在 IOR 阶段的时序效应（如图 1-25 所示），他们同样发现当前测试的 IOR 大小受到前一次测试中的线索提示状态的显著影响，具体来说，当前次测试为线索有效时的反应时比前次测试为线索无效时要快，导致在前次测试为线索有效时 IOR 效应的变弱。这些研究表明，在周边线索所引起的注意转移的整个发生过程中存在一种时间序列上的交互，由此产生的时序效应最终会影响注意转移的强弱。此外，由于测试中所使用的周边线索与目标刺激的出现位置不相关，通常认为此时产生的线索提示效应受到外源性注意的控制，即注意的转移是自动发生的。由此，Dodd 和 Pratt 提出了自动记忆检测假说来解释注意转移中的时序效应，认为前一次测试中的状态信息被自动地从记忆中提取并加快了当前测试中的处理效率。这一假说与在视觉注意研究中被广泛认可并用于解释其他类似现象的假说是兼容的。例如，隐式视觉记忆假说被用于解释视觉搜索中的 PoP（priming of pop-out）现象（Chun 和 Nakayama，2000；Kristjansson，2006），而事件记忆提取假说被用于解释视觉搜索中的负启动效应（negative priming）（Egner 和 Hirsch，2005）。这些假说的共同点是都引入了一种用于补偿注意系统处理速度的记忆机制，并且这一记忆机制具有自动属性，不受观察者主动意识控制的影响。

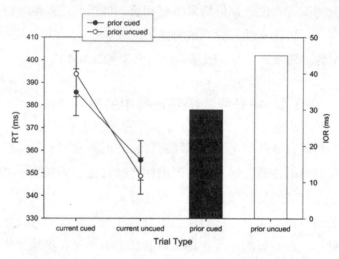

图 1-25　Dodd 和 Pratt（2007）的实验结果示意图

另外，Jongen 和 Smulders（2007）在一篇文章中报道了符号线索所引起的注意转移的时序效应，这一时序效应与在周边线索研究中发现的时序效应具有完全相同的现象描述。但是，由于在 Jongen 和 Smulders 的测试中符号线索所指向的方位与目标刺激出现的位置具有相关性（目标刺激有 80% 的几率出现在符号线索所指示的方位），测试的结果被认为受到内源性注意的控制，即受到了被测试者在测试过程中的主动意识控制的影响。因此，Jongen 和 Smulders 提出了短时策略调整假说来解释所观察到的时序效应。这一假说认为被测试者根据前一次测试中线索是否对其检测目标刺激起到帮助作用来不断地调整在当前测试中利用线索的程度。具体来说，一次线索提示有效的测试能够增强被测试者对于线索提示有效状态的期望，而一次线索提示无效的测试会降低这种期望，甚至导致对线索提示无效状态的期望。Gómez 和他的同事们（Gómez、Flores、Digiacomo 和 Vázquez-Marrufo，2009；Gómez 和 Flores，2011）提出了类似的假说来解释视觉注意转移的时序效应，并发现注意转移的时序效应不仅存在于采用视觉线索和视觉目标刺激的实验中，也存在于采用视觉线索和声音目标刺激的跨感官形态的实验中（Arjona 和 Gómez，2011）。

针对符号线索提示中时序效应的产生机制，Qian、Shinomori 和 Song（2012）进行了进一步的实验。短时策略调整假说很有可能混淆了在单次测试中对线索提示效应起作用的主观意识控制和在前后测试中对时序效应起作用的自动控制机制，因此Qian、Shinomori 和 Song 在实验中采用了对目标出现位置没有预测作用的箭头线索。结果显示，不具有预测作用的箭头线索同样引起了显著的时序效应。这一研究结果表明，箭头线索引起的时序效应并不能归因于被测试者的主观意识控制或者显式策略调整，而更可能源于自动记忆检测假说所说的隐式记忆检测机制。Qian、Song、Shinomori 和 Wang（2012）对箭头线索引起的时序效应进行了进一步的研究。具体来说，当我们考虑线索指向和目标位置的变换组合时，线索有效性的重复被分为两种状态：完全重复和仅线索有效性重复。例如，在一次线索指向和目标位置都为左的线索有效测试之后，如果当前测试线索仍然有效，那么线索指向和目标位置可能仍然都为左，也有可能都为右。在前一种状态下，线索有效性、线索指向和目标位置都发生了重复，而在后一种状态下，只有线索有效性发生了重复，而线索指向和目标位置都发生了改变。同样的情况也在线索无效状态下前后测试中重复时出现。实验结果表明，当线索指向重复时时序效应增强了，而当线索指向变换时时序效应减弱了。这一发现说明，符号线索提示范式中的时序效应不能仅仅归因于前后测试之间线索有效性的重复所产生的响应时间的加速作用，还受到线索指示和目标位置的重复与变换作用的影响。

在最近的一项研究中，Qian、Wang、Feng 和 Song（2015）增加了目标刺激可能出现的位置，即在单次测试中目标刺激可能显示在上、下、左、右四个位置中的其中一个位置上。如此一来，虽然线索有效性仍然具有有效或者无效两种状态，目标和线索的空间组合结构就增加为三种类型：相同（目标出现在线索指示位置）、相反（目标出现在线索指示位置的相反位置）、相邻（目标出现在线索指示轴的邻近位置）。这就使得线索无效测试能够根据目标和线索的空间组合结构类型被分为两组：无效且相反（目标出现在线索指示方向的相反位置）和无效且相邻（目标出现在线索指示轴的邻近位置）。图 1–26 显示了实验结果，图中 A 部分是平均反应时变化趋势图，B 部分是相应的线索提示效应变化趋势图，C 部分是去除了目标刺激在前后测试中位置重复情况后的线索提示效应变化趋势图。图中 valid 表示线索有效情况，invalid-op 表示线索无效且目标出现在线索指示方向的相反位置，invalid-ad表示线索无效且目标出现在线索指示方向的相邻位置。研究结果发现目标和线索的空间组合结构对时序效应的大小有显著影响。具体来说，前后测试之间空间组合结构的重复能够加快线索无效测试中被测试者的响应时间，导致线索提示效应减小而时序效应增强。这一发现表明，在时序效应中被记忆机制编码并发挥关键作用的是目标和线索的空间组合结构类型，而不仅仅是线索有效性状态。

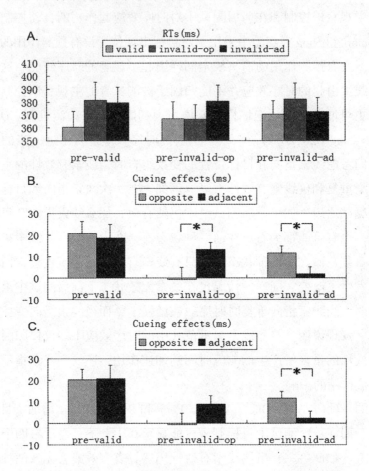

图1-26 Qian、Wang、Feng 和 Song（2015）的实验结果示意图

上述研究初步证明了注意转移时序效应的存在，并提出了两种可能的假说来对其进行解释。但到目前为止，由于缺少进一步的研究和证明，注意转移时序效应的各种特性仍然处于有待探索的阶段，这就导致我们无法准确地提出针对这一现象的假说，而对注意转移时序效应内在机制的探索仍然需要更加深入的实验观察和科学研究。

参考文献

Akiyama T., Kato M., Muramatsu T., Saito F., Nakachi R., & Kashima H.（2006）A deficit in discriminating gazedirection in a case with right superior temporal gyrus lesion.Neuropsychologia, 44, 161-170.

Akiyama T., Kato M., Muramatsu T., Saito F., Umeda S., & Kashima H.（2006）Gaze but not arrows：A dissociativeimpairment after right superior temporal gyrus damage.Neuropsychologia, 44, 1804-1810.

Ando, S.（2002）.Luminance-induced shift in the apparent direction of gaze. Perception, 31, 657-674.

Ansorge, U.（2003）.Spatial simon effects and compatibility effects induced by observed gaze direction.Visual cognition, 10, 363-383.

Arjona, A., & Gómez, C.M.（2011）.Trial-by-trial changes in a prioriinformational value of external cues and subjective expectanciesin human auditory attention.PloS ONE, 6, e21033.doi：10.1371/journal.pone.0021033

Baron-Cohen S., Wheelwright S., Skinner R., Martin J., & Clubley E.（2001）The autism-spectrum quotient（AQ）：Evidence from Asperger syndrome/high functioning autism, males and females, scientists andmathematicians.Journal of Autism and Developmental Disorders, 31, 5-17.

Bayless, S.J., Glover, M., Taylor, M.J., & Itier, R.J.（2011）.Is it in the eyes? Dissociating the role of emotion and perceptual features of emotionally expressive faces in modulating orienting to eye gaze.Visual Cognition, 19, 483-510.

Bayliss, A., di Pellegrino, G., & Tipper, S.（2004）.Orienting of attention via observed eye gaze is head-centred.Cognition, 94, B1-B10.

Bayliss, A., di Pellegrino, G., & Tipper, S.（2005）.Sex differences in eye gaze and symbolic cueing of attention.Quarterly Journal of Experimental Psychology：Human Experimental Psychology, 58A, 631-650.

Bayliss, A., Frischen, A., Fenske, M., & Tipper, S.（2007）.Affective evaluations off objects are influenced by observed gaze direction and emotional expression.Cognition, 104, 644-653.

Bayliss, A., Paul, M., Cannon, P., & Tipper, S.（2006）.Gaze cueing and affective judgments of objects: I like what you look at.Psychonomic Bulletin & Review, 13, 1061-1066.

Bayliss, A. & Tipper, S. (2005).Gaze and arrow cueing of attention reveals individual differences along the autism spectrum as a function of target context.British Journal of Psychology, 96, 95-114.

Bayliss, A. & Tipper, S. (2006).Predictive gaze cues and personality judgment: Should eye trust you? Psychological Sciences, 17, 514-520.

Birmingham, E., & Kingstone, A. (2009).Human social attention: A new look at past, present, and future investigations.The Year in Cognitive Neurocience 2009: Annals of the New WorkAcademy of Sciences 2009, 1156, 118-140.

Carr, T.H. (1992).Automaticity and cognitive anatomy: Is word recognition automatic? American journal of Psychology, 105, 201-237.

Cheal, M., & Lyon, D.R. (1991).Central and peripheral precuing of forced-choice discrimination.Quarterly Journal of Experimental Psychology: Human Experimental Psychology, 43A, 859-880.

Chun, M., & Nakayama, K. (2000).On the functional role of implicit visual memory for the adaptive deployment of attention across scenes.Visual Cognition, 7, 65-81.

Collie, A., Maruff, P., Yucel, M., Danckert, J., & Currie, J. (2000). Spatiotemporal distribution of facilitation and inhibition of return arising from the eflexive orienting of covert attention.Journal of Experimental Pschology: Human Perception and Performance, 26, 1733-1745.

Conty, L., Tijus, C., Hugueville, L., Coelho, E., & George, N. (2006). Searching for asymmetries in the detection of gaze contact versus averted gaze under different head views: A behavioral study.Spatial Vision, 19, 529-545.

Cooper, R.M., Law, A.S., & Langton, S.R.H. (2013).Looking back at the stare-in-the-crowd effect: Staring eyes do not capture attention in visual search.Journal of vision, 13 (6): 10, 1-22.

Corbetta, M., Kincade, J., Ollinger, J., McAvoy, M., & Shulman, G. (2000).Voluntary orienting is dissociated from target detection in human posteriorparietal cortex.Nature Neuroscience, 3, 292-297.

Corbetta, M., Miezin, F., Shulman, G., & Petersen, S. (1993).A PET study of visuospatial attention.Journal of Neuroscience, 13, 1202-1226.

Corbetta, M., & Shulman, G.（2002）.Control of goal-directed and stimulus-driven attention in the brain.Nature Reviews Neuroscience, 3, 201-216.

Danziger, S., & Kingstone, A.（1999）.Unmasking the inhibition of return phenomenon.Perception & Psychophysics, 61, 1024-1037.

Deaner, R., Shepherd, S., & Platt, M.（2007）.Familiarity accentuates gaze cueing in women but not men.Biology Letters, 3, 64-67.

Dodd, M., and Pratt, J.（2007）.The effect of previous trial type on inhibition of return.Psychological Research.vol.71, pp.411-417.

Doi, H.& Shinohara, K.（2013）.Task-irrelevant direct gaze facilitates visual search for deviant facial expression.Visual Cognition, 21（1）, 72-98.

Doi, H., & Ueda, K.（2007）.Searching for a perceived stare in the crowd. Perception, 36, 773-780.

Doi, H., Ueda, k., & Shinohara, K.（2009）.The relation property between eye and head orientation is the primary determinant of the efficiency in the search for deviant gaze.Quarterly Journal of Experimental Psychology, 39, 1125-1134.

Downing, P., Dodds, C., & Bray, D.（2004）.Why does the gaze of others direct visual attention? Visual Cognition, 11, 71-79.

Driver, J., Davis, G., Ricciardelli, P., Kidd, P., Maxwell, E., & Baron-Cohen, S.（1999）.Gaze perception triggers reflexive visuospatial orienting.Visual Cognition, 6, 509-540.

Egner, T., & Hirsch, J.（2005）.Where memory meets attention：Neural substrates of negative priming.Journal of Cognitive Neuroscience, 17, 1774-1784.

Fischer, M.H., Castel, A.D., Dodd, M.D., & Pratt, J.（2003）.Perceiving numbers causes spatial shifts of attention.Nature Neuroscience, 6（6）, 555-556.

Friesen, C., & Kingstone, A.（1998）.The eyes have it! Reflexive orienting is triggered by nonpredictive gaze.Psychonomic Bulletin & Review, 5, 490-495.

Friesen, C., & Kingstone, A.（2003a）.Covert and overt orienting to gaze direction cues and the effects of fixation offset.NeuroReport, 14, 489-493.

Friesen, C., & Kingstone, A.（2003b）.Abrupt onsets and gaze direction cues trigger independent reflexive attentional effects.Cognition, 87, B1-B10.

Friesen, C., Ristic, J., & Kingstone, A.（2004）.Attentional effects of counterpredictive gaze and arrow cues.Journal of Experimental Psychology：Human

Perception and Performance, 30, 319-329.

Frischen, A., Bayliss, A., & Tipper, S. (2007).Gaze cueing of attention: Visual attention, social cognition, and individual differences.Psychological Bulletin, 133, 694-724.

Frischen, A., Eastwood J.D., & Smilek, D. (2008).Visual search for faces with emotional expressions.Psychological Bulletin, 134, 662-676.

Frischen, A., Smilek, D., Eastwood, J.D., & Tipper, S.P. (2007).Inhibition of return in response to gaze cues: The roles of time course and fixation cue.Visual Cognition, 1-15.

Frischen, A., & Tipper, S. (2004).Orienting attention via observed gaze shift evokes longer term inhibitory effects: Implications for social interactions, attention, and memory.Journal of Experimental Psychology: General, 133, 516-533.

Frischen, A., & Tipper, S. (2006).Long-term gaze cueing effects: Evidence for retrieval of prior states of attention from memory.Visual Cognition, 14, 351-364.

Gibson, B., & Kingstone, K. (2006).Visual attention and the semantics of space.Psychological Science, 17, 622-627.

Gómez, C.M., Flores, A., Digiacomo, M.R., & Vázquez-Marrufo, M.(2009). Sequential P3 effects in a Posner's spatial cueing paradigm: Trial-by-trial learning of the predictive value of the cue.Acta Neurobiologiae Experimentalis, 69, 155-167.

Gómez, C.M., & Flores, A. (2011).A neurophysiological evaluationof a cognitive cycle in humans.Neuroscience and BiobehavioralReviews, 35, 452-461.

Gozli, D.G., Chasteen, A.L., Pratt, J. (2013).The cost and benefit of implicit spatial cues for visual attention.Journal of Experimental Psychology: General, 142 (4), 1028-1046.

Graham, R., Friesen, C.K., Fichtenholtz, H.M., & LaBar, K.S. (2010). Modulation of reflexive orienting to gaze direction by facial expressions.Visual Cognition, 2010, 18, 331-368.

Hietanen, J. (1999).Does your gaze direction and head orientation shift my visual attention? NeuroReport, 10, 3443-3447.

Hietanen, J. (2002).Social attention orienting integrates visual information from head and body orientation.Psychological Research, 66, 174-179.

Hietanen, J., & Leppänen, J. (2003).Does facial expression affect attention orienting by gaze direction cues? Journal of Experimental Psychology: Human Perception and Performance, 29, 1228-1243.

Hommel, B., Pratt, J., Colzato, L., & Godijn, R. (2001).Symbolic control of visual attention.Psychological Science, 12, 360-365.

Hori, E., Tazumi, T., Umeno, K., Kamachi, M., Kobayashi, T., Ono, T., & Nishijo, H. (2005).Effects of facial expression on shared attention mechanisms. Physiology & Behavior, 84, 397-405.

Jenkins, J., & Langton, S.R.H. (2003).Configural processing in the perception of eye-gaze direction.Perception, 32, 1181-1188.

Jenkins, R., Beaver, J.D., & Calder, A.J. (2006).I thought you were looking at me: Direction-specific aftereffects in gaze perception.Psychological Science, 17, 506-513.

Jones, B.C., DeBruine, L.M., Little, A.C., Burriss, R.P., & Feinberg, D.R. (2007).Social transmition of face preferences among humans.Proceedings of the Royal Society of London, Series B, 274, 899-903.

Jongen, E., & Smulders, F. (2007).Sequence effects in a spatial cueing task: Endogenous orienting is sensitive to orienting in the preceding trial.Psychological Research, 71, 516-523.

Jonides, J. (1981).Voluntary versus automatic control over the mind's eye's movement.In J.B.Long & A.D.Baddeley (Eds.), Attention and performance IX.Hillsdale, NJ: Erlbaum, 187-203.

Kanwisher, N., McDermott, J., and Chun, M.M. (1997).The fusiform face area: a module in human extrastriate cortex specialized for face perception.Journal of Neuroscience, 17, 4302-11.

Kingstone, A., Friesen, C., & Gazzaniga, M. (2000).Reflexive joint attention depends onlateralized cortical connections.Psychological Science, 11, 159-166.

Kingstone, A., Tipper, C., Ristic, J., & Ngan, E. (2004).The eye have it! an fMRI investigation.Brain and Cognition, 55, 269-271.

Klein, R., Kingstone, A., & Pontefract, A. (1992).Orienting of visual attention.In K.Rayner (Ed.), Eye movements and visual cognition.New York: Springer, 46-65.

Koval, M.J., Thomas, B.S., & Everling, S. (2005).Task-dependent effects of social attention on saccadic reaction times.Experimental Brain Research，167，475-480.

Kristjansson，A.（2006）.Rapid learning in attention shifts：A review.Visual Cognition，13，324-362.

Kuhn，G.，& Benson，V.（2007）.The influence of eye-gaze and arrow pointing distractorcues on voluntary eye movements.Perception & Psychophysics，69（6），966-971.

Kuhn，G.，Pagano，A.，Maani，S.& Bunce，D.（2015）.Age-related decline in the reflexive component of overt gaze following.Quarterly Journal of Experimental Psychology，68（6），1073-1081.

Kylliäinen A.，& Hietanen J.K.（2004）.Attention orienting by another's gaze direction in children with autism.Journal of Child Psychology and Psychiatry，45，435-444.

Langton，S.R.H.（2000）.The mutual influence of gaze and head orientation in the analysis of social attention direction.Quarterly Journal of Experimental Psychology：Human Experimental Psychology，53A，825-845.

Langdon，R.，& Smith，P.（2005）.Spatial cueing by social versus nonsocialdirectional signals.Visual Cognition，12，1497-1527.

Langton，S.，& Bruce，V.（1999）.Reflexive visual orienting in response to the social attention of others.Visual Cognition，6，541-567.

Lassalle，A.，& Itier，R.J.（2015）.Emotional modulation of attention orienting by gaze varies with dynamic cue sequence.Visual Cognition，23（6），720-735.

Leekam S.R.，Hunnisett E.，&Moore C.（1998）Targets and cues：Gaze-following in children with autism.Journalof Child Psychology & Psychiatry & Allied Disciplines，39，951-962.

Lambert，A.，Roser，M.，Wells，I.，& Heffer，C.（2006）The spatial correspondence hypothesis and orienting in response to central and peripheral spatial cues.Visual Cognition，13（1），65-88.

刘超，买晓琴，傅小兰（2005）.内源性注意与外源性注意对数字加工的不同影响，心理学报，37，167–177.

Mansfield，E.，Farroni，T.，& Johnson，M.（2003）.Does gaze perceptionfacilitate overt orienting? Visual Cognition，10，7-14.

Maruff，P.，Yucel，M.，Danckert，J.，Stuart，G.，& Currie，J.（1999）.Facilitation and inhibiton arising from the exogenous orienting of covert attention depends on the temporal properties of spatial cues and targets.Neuropsychologia, 37, 731-744.

Mathews, A., Fox, E., Yiend, J., & Calder, A.（2003）.The face of fear: Effects of eye gaze and emotion on visual attention.Visual Cognition, 10, 823-835.

Maylor, E.（1985）.Facilitation and inhibitory components of orienting in visual space.In M.Posner & O.Marin（Eds.）, Attention and performance xi（p.189-203）. Hillsdale, NJ: Erlbaum.

Maylor, E., & Hockey, R.（1985）.Inhibitory components of externally controlled covert orienting in visual space.Journal of Experimental Psychology: Human Perception and Performance, 11, 777-787.

Merritt P., Hirshman E., Wharton W., Devlin J., Stangl B., Bennett S., & Hawkins L.（2005）Gender differences in selectiveattention: Evidence from a spatial cueing task [Abstract].Journal of Vision, 5.

Miyazaki, Y., Ichihara, S., Wake, H.& Wake, T.（2012）.Attentional bias to direct gaze in a dot-probe paradigm.Perceptual and Motor Skills, 114, 1007-1022.

Mordkoff, J., Halterman, R., & Chen, P.（2008）.Why does the effect of short-SOA exogenous cuing on simple RT depend on the number of display locations? Psychonomic Bulletin & Review, 15, 819-824.

Müller, H.J., & Findlay, J.M.（1988）.The effect of visual attention on peripheral discriminationthresholds in single and multiple element displays.Acta Psychologica, 69, 129-155.

Müller, H.J., & Rabbitt, P.M.（1989）.Reflexive and voluntaryorienting of visual attention: Time course of activation and resistance to interruption.Journal of Experimental Psychology: Human Perception and Performance, 15, 315-330.

Oonk, H.M., & Abrams, R.A.（1998）.New perceptualobjects that capture attention produced inhibition of return.Psychonomic Bulletin & Review, 5, 510-515.

Ouellet, M., Santiago, J., Funes, M.J., Lupianez, J.（2010）.Thinking about the future moves attention to the right.Journal of Experimental Psychology: Human Perception and Performance, 36（1）, 17-24.

Palanica, A., & Itier, R.J.（2011）.Searching for a perceived gaze direction using eye tracking.Journal of vision, 11, 1-13.

Palanica, A., & Itier, R.J.（2012）.Attention capture by direct gaze is robust to context and task demands.Journal of Nonverbal Behavior, 36（2）, 123-134.

Posner, M. (1980) .Orienting of attention.Quarterly Journal of Experimental Psychology, 32, 3-25.

Posner, M., Cohen, Y., & Rafal, R. (1982) .Neural systems control of spatialorienting.Philosophical Transactions of the Royal Society of London, Series B, 298, 187-198.

Posner, M., & Cohen, Y. (1984) .Components of visual orienting.In H.Bouma & D.G.Bouwhuis (Eds.) , Attention and performance xvii: Control of visual processing (p.531-556) .Hillsdale, NJ: Erlbaum.

Posner, M., & Petersen, S. (1990) .The attention system of the human brain. Annual Review of Neuroscience, 13, 25-42.

Posner, M., Snyder, C., & Davidson, B. (1980) .Attention and the detection of signals.Journal of Experimental Psychology: General, 109, 160-174.

Pratt, J., & Hommel, B. (2003) .Symbolic control of visual attention: The role of workingmemory and attentional control settings.Journal of Experimental Psychology: Human Perception and Performance, 29, 835-845.

潘运, 白学军, 沈德立 (2011) . 内源性注意和外源性注意条件下线索提示有效性对数字距离效应的影响. 西南大学学报 (自然科学版) , 33, 167–172.

Qian, Q., Shinomori, K., & Song, M. (2012) .Sequence effectsby non-predictivearrow cues.Psychological Research, 76, 253-262.DOI 10.1007/s00426-011-0339-2.

Qian, Q., Song, M., & Shinomori, K. (2013) .Gaze cueing as a function of perceived gaze direction, Japanese Psychological Research.Vol.55, No.3, 264-272. DOI: 10.1111/jpr.12001.

Qian, Q., Song, M., Shinomori, K., & Wang, F. (2012) .The functional role of alternation advantage in the sequence effect of symbolic cueing with nonpredictive arrow cue.Attention, Perception, & Psychophysics, 74, 1430-1436.DOI 10.3758/s13414-012-0337-5.

Qian, Q., Wang, F., Feng, Y., & Song, M. (2015) .Spatial organisation between targets and cues affects the sequence effect of symbolic cueing.Journal of Cognitive Psychology, 27 (07) , pp 855-865.

Quadflieg, S., Mason, M., & Macrae, C. (2004) .The owl and the pussycat: Gaze cues and visuospatial orienting.Psychonomic Bulletin & Review, 11, 826-831.

Rafal, R., Calabresi, P., Brennan, C., & Sciolto, T. (1989).Saccade preparationinhibits reorienting to recently attended locations.Journal of Experimental Psychology: Human Perception and Performance, 15, 673-685.

Remington, R., Johnston, J., & Yantis, S. (1992).Involuntary attentional capture by abrupt onsets.Perception & Psychophysics, 51, 279-290.

Ricciardelli, P., Bricolo, E., Aglioti, S., & Chelazzi, L. (2002).My eyes want to look whereyour eyes are looking: Exploring the tendency to imitate another individual's gaze.Neuroreport, 13 (17), 2259-2264.

Ristic, J., Friesen, C., & Kingstone, A. (2002).Are eyes special? It depends on how you look at it.Psychonomic Bulletin & Review, 9, 507-513.

Ristic, J., & Kingstone, A. (2005).Taking control of reflexive social attention. Cognition, 94, B55-B65.

Ristic, J., & Kingstone, A. (2012).A new form of human spatial attention: Automated symbolic orienting.Visual Cognition, 20, 244-264.

Ristic, J., Wright, A., & Kingstone, A. (2006).The number line effect reflects top-down control.Psychonomic Bulletin & Review, 13 (5), 862-868.

Samuel, A.G., &Kat, D. (2003).Inhibition of return: A graphical meta-analysis of its time course and an empirical test of its temporal and spatial properties.Psychonomic Bulletin & Review, 10, 897-906.

Senju, A., & Hasegawa, T. (2005).Direct gaze captures visuospatial attention. Visual Cognition, 12, 127-144.

Senju, A., Hasegawa, T., & Tojo, Y. (2005).Does perceived direct gaze boost detection in adults and children with and without autism? The stare-in-the-crowd effect revisited.Visual Cognition, 12, 1474-1496.

Senju A., Tojo Y., Dairoku H., Hasegawa T. (2004).Reflexive orienting in response to eye gaze and an arrow inchildren with and without autism.Journal of Child Psychology and Psychiatry, 45, 445-458.

Shin, M.J., Marrett, N., & Lambert, A.J. (2011).Visual orienting in response to attentional cues: spatial correspondence is critical, conscious awareness is not.Visual Cognition, 19 (6), 730-761.

沈模卫, 高涛, 刘利春, 李鹏 (2004).内源性眼跳前的空间注意转移, 心理学报, 36, 663–670.

Tipples，J.（2002）.Eye gaze is not unique：Automatic orienting in response to uninformative arrows.Psychonomic Bulletin & Review，9，314-318.

Tipples，J.（2005）.Orienting to eye gaze and face processing.Journal of Experimental Psychology：Human Perception and Performance，31，843-856.

Tipples，J.（2006）.Fear and fearfulness potentiate automatic orienting to eye gaze. Cognition & Emotion，20，309-320.

Tipples，J.（2008）.Orienting to counterpredictive gaze and arrow cues.Perception & Psychophysics，70，77-87.

Todorovic，J.（2006）.Geometrical basis of perception of gaze direction.Vision Research，46，3549-3562.

Vecera S.P.，& Johnson M.H.（1995）.Gaze detection and the cortical processing of faces：Evidence from infants and adults.Visual Cognition，2，59-87.

Vecera S.P.，&Rizzo M.（2004）.What are you looking at? Impaired social attention following frontal-lobe damage.Neuropsychologia，42，1657-1665.

Vecera S.P.，&Rizzo M.（2005）.Eye gaze does not produce reflexive shifts of attention：Evidence from frontal-lobedamage.Neuropsychologia，44，150-159.

von Grunau，M.，& Anston，C.（1995）.The detection of gaze direction：A stare-in-the-crowd effect.Perception，24，1297-1313.

Vuilleumier P.（2002）.Perceived gaze direction in faces and spatial attention：A study in patients with parietaldamage and unilateral neglect.Neuropsychologia，40，1013-1026.

王一楠，宋耀武（2011）.内源性眼跳与注意转移关系研究述评.心理与行为研究，9，154–160.

Yantis，S.，& Hillstrom，A.P.（1994）.Stimulus-driven attentional capture：Evidence from equiluminant visual objects.Journal of Experimental Psychology：Human Perception and Performance，10，601-621.

Yokoyama，T.，Sakai，H.，Noguchi，Y.，& Kita，S.（2014）.Perception of direct gaze does not require focus of attention.Scientific Reports，4（1），3858.

杨华海，赵晨，张侃（1998）.外源性视觉选择性注意的时空特征.心理学报，30，136–142.

张智君，赵亚军，占琪涛（2011）.注视方向的知觉对注视追随行为的影响.心理学报，43，726–738.

张宇，游旭群（2012）．负数的空间表征引起的空间注意转移．心理学报，44，285–294.

赵晨，杨华海（1999）．跨通道的内源性选择注意．心理学报，31，148–153.

赵亚军，张智君（2009）．眼睛注视线索提示效应：内源性注意还是外源性注意？心理学报，41，1133–1142.

第二章 时序效应是在符号线索提示过程中普遍存在的现象

2.1 引 言

注意的转移指的是人脑的注意系统根据某些外部线索而对具有相关性的输入信息进行选择，以进行进一步处理的过程（Posner，1980）。已经有研究发现，对具有指向性的箭头线索的感知就足以自动地转移我们的注意力到其指示的位置（Hommel、Pratt、Colzato 和 Godijn，2001；Pratt 和 Hommel，2003；Ristic、Friesen 和 Kingstone，2002；Tipples，2002）。除了箭头，他人的视线也能够在其完全与我们当前任务没有关系的情况下转移我们的注意力到其指示的方位（Friesen 和 Kingstone，1998；Frischen、Bayliss 和 Tipper，2007）。在符号线索提示相关的一个典型实验中，一个指向左或者右的线索刺激（例如视线或者箭头）被显示在屏幕的中间位置，在一段确定的时间间隔（称为 SOA）之后，一个目标刺激出现在左边或者右边，被测试者需要快速地按下按钮来对目标刺激的出现进行响应。虽然被测试者已经被告知线索刺激的指示方向并不能预测目标刺激出现的准确位置，线索提示有效（目标刺激出现在线索刺激所指示的位置）时的被测试者的响应时间比线索提示无效（目标刺激出现在线索刺激所指示位置的相反位置）时更快，这一现象被称为线索提示效应，并被认为反映了注意资源向线索提示位置的转移。

自动的注意转移能够被在注视中心呈现的不提供有效信息的视线线索所触发，这一事实使得一些研究者认为眼睛和视线由于其在生物学上所具有的显著性和重要性，是一种特殊的注意线索（Friesen 和 Kingstone，1998、2003；Langton 和 Bruce，1999）。但是，与视线线索特殊性的说法相矛盾的是，越来越多的行为研究发现具有方向指示性的箭头线索能够引起与视线线索非常类似的线索提示效应（Ristic、Friesen 和 Kingstone，2002；Tipples，2002）。因此，一些研究者提出中心符号线索（如箭头和视线）所引起的注意转移由所谓的符号转移机制所控制和产生，并且这一机制与传统的外源性和内源性转移机制都存在不同（Ristic 和 Kingstone，2012）。

最近的一些研究（Jongen 和 Smulders，2007；Gómez、Flores、Digiacomo 和 Vázquez-Marrufo，2009；Gómez 和 Flores，2011；Arjona 和 Gómez，2011）报道了在符号线索提示范式中存在一种时间序列上的效应。具体来说，当采用对目标位置具有预测作用（即线索有效测试占总测试数的 80%）的中心箭头线索时，当前测试的线索提示效应受到了前次测试线索有效性的显著影响，线索提示效应在前次测试有效情况下比在前次测试无效情况下要强。由于在这些研究中的箭头线索对目标位置具有预测作用，这一时序效应被归因于被测试者根据前一次测试中线索是否对其检测目标刺激起到帮助作用来不断地调整在当前测试中利用线索的程度，即短时策略调整（Strategical adjustment）假说。具体来说，一次线索提示有效的试验能够增强被测试者对线索提示有效状态的期望，而一次线索提示无效的试验会降低这种期望，甚至导致对线索提示无效状态的期望。相反，另一种对这一现象的解释认为，时序效应源于被测试者在当前测试中对前次测试状态的一种自动记忆获取机制。例如，如果当前测试类型和前次测试类型相同则导致反应时加快，而如果当前测试类型和前次测试类型不同则导致反应时减慢。这一自动记忆获取（Automatic memory retrieval）假说与周边线索研究（Dodd 和 Pratt，2007）的结论相一致，并且被我们之前的一项研究（Qian、Shinomori 和 Song，2012）所证实。在这一项研究中，虽然箭头线索对目标位置并没有任何预测作用，被测试者也被要求尽量忽视中心线索，但是仍然产生了显著的时序效应。

在符号线索提示研究中，箭头和视线线索是两种最具代表性的注意线索。但是据我们所知，目前报道了符号线索提示范式中的时序效应的研究在实验中都只采用了箭头线索和简单检测任务（Jongen 和 Smulders，2007；Qian、Shinomori 和 Song，2012）。因此，针对时序效应仍然存在很多研究问题未被解答。第一，我们还不清楚时序效应是否能够在采用其他任务的线索提示实验中被发现。例如，简单检测（Simple detection）任务要求被测试者发现目标刺激出现时就快速地按下固定的响应按钮，但是辨别（Discrimination）任务则要求被测试者在目标刺激出现之后，根据目标刺激的身份来选择按下不同的响应按钮。此外，在简单检测任务中通常只有一种目标刺激和一种响应按钮，而在辨别任务中所含的多个目标刺激的身份和响应按钮在连续的两次测试之间可能重复，也可能不重复。我们仍然不清楚时序效应是否在采用辨别任务的实验中存在，以及如果存在的话，目标刺激身份和响应按钮的改变是否对时序效应产生影响。第二，我们还不清楚视线线索是否能引起时序效应。这一问题的重要性在于能够帮助我们了解人脑注意转移系统中的时序处理机制是否具有普遍性。第三，如果时序效应具有普遍性，那么不同的符号线索之间是否能够产生时序效应。例如，如果前次测试中的线索为视线而当前测试中的线索为箭头，时序效应是否存在。

实验 1 的主要目的是测量视线线索所引起的时序效应。如果时序处理机制是一种在符号线索提示中普遍存在的机制，那么视线线索就应该能产生显著的时序效应。此外，与现有研究不同，当前实验采用了辨别任务，而不是简单的检测任务。如果时序处理是一种在符号线索提示中存在的重要机制，那么时序效应的产生就应该与具体实验任务无关，同样能够在辨别任务中被观察到。考虑到在之前的一项研究（Qian、Shinomori 和 Song，2012）中，时序效应只在前次测试 SOA 较长的情况下才显著，我们认为视线线索也应该只在较长 SOA 情况下才能产生显著的时序效应。

选择辨别任务的另外一项优点是在实验中共有两种目标刺激，并且被测试者需要按下不同的响应按钮来对不同的目标刺激做出应答。因此，目标刺激的身份和与之相对应的响应按钮在前后测试之间可能重复，也可能不重复。在一项采用简单检测任务的研究中，Qian、Song、Shinomori 和 Wang（2012）发现了目标刺激显示位置对时序效应具有显著的影响。具体来说，目标刺激显示位置的改变（线索指示方向也随之改变）能够加快被测试者的反应时，对时序效应产生增强的作用。但是，由于被测试者在实验中只需要按下一个按钮来对目标刺激的出现做出响应，目标刺激身份及对其的应答在测试之间的重复和改变是否能够影响时序效应还是一个未知的研究问题。当前在采用辨别任务的研究中，我们将能够回答这一研究问题。

实验 2 的目的是对视线和箭头所引起的箭头线索进行对比。在实验中进行了多次测试，视线和箭头线索被随机地混合在一起，在前后测试中形成 4 种线索序列类型：视线—视线序列、视线—箭头序列、箭头—视线序列和箭头—箭头序列。这一实验设置具有以下优点：

（1）视线和箭头线索所引起的时序效应的对比可以通过直接对比视线—视线序列和箭头—箭头序列类型下的时序效应来完成。与箭头线索不同，视线线索引起的线索提示效应已被证明基于特殊的视线感知机制（Qian、Song 和 Shinomori，2013）。视线线索的生物学重要性可能导致其对于被测试者来说是更加重要和有意义的线索。因此，根据短时策略调整假说，被测试者利用视线线索的程度就可能比箭头线索更强，导致视线线索能够引起比箭头线索更强的时序效应。但是，根据自动记忆获取假说，视线线索和箭头线索所引起的时序效应应该没有显著区别。

（2）这一实验设计能够使得我们对不同线索之间的时序效应进行测量。根据短时策略调整假说，时序效应归因于被测试者根据前一次测试中线索是否对其检测目标刺激起到帮助作用来不断地调整在当前测试中利用该线索的程度。那么当线索类型在前后测试中发生改变的时候就应该不会有时序处理，因为后一次测试中的线索对于被测试者而言是不同于前次测试的全新的线索。相反，自动记忆获取假说只关注前次测试中线索指示方位和目标位置的关联关系，因此该假说认为时序效应不应该受到线索类型改变的影响。

（3）实验 2 的实验设计还能够为我们提供另外一种研究视线和箭头所引起的时序效应的角度，即第 N−2 次测试对第 N 次测试的影响。例如，对于第 N−2 次和第 N 次测试均为箭头的实验序列来说，存在两种序列类型：箭头—箭头—箭头序列和箭头—视线—箭头序列。根据自动记忆获取假说，在箭头—箭头—箭头序列中，第 N−2 次测试中的箭头应该不会对第 N 次测试中的线索提示效应产生影响。这是因为第 N−2 次测试中的线索指示方位和目标位置的空间组合关系应该已经被第 N−1 次测试中的空间组合关系所替代，导致时序效应只在第 N−1 次和第 N 次测试之间存在。这在 Qian、Shinomori 和 Song（2012）的一项采用箭头作为线索的研究中，并未发现第 N−2 次测试的类型对之后两次测试之间的时序效应有显著的影响。但是，我们还不清楚相同的结论是否同样存在于箭头—视线—箭头序列中，相同的问题同样存在于视线—箭头—视线序列情况下。

2.2　实验 1

2.2.1　被测试者

33 名大学生参加了本次实验（平均年龄为 23 岁，年龄区间为 19 ~ 27 岁，其中 13 人为女性）。所有的被测试者都具有正常或者已矫正的视力，并且对于实验的目的完全不知情。

2.2.2　实验装置

实验刺激被显示在一台刷新率为 75 赫兹的 LCD 显示器上。被测试者坐在离屏幕中心大约 60 厘米的位置上。

2.2.3　实验刺激

一个所占视角为 1° 的"十"字被显示在屏幕的中心作为中心注视点。目标刺激是宽 1°、高 1° 视角的黑色大写字母"X"和"O"，并被显示在离中心注视点 15° 视角远的屏幕的左边或者右边。如图 2-1（A）所示，中心注视刺激是一张直视观察者的女性的人脸，约 4° 视角宽，7° 视角高，以 8 比特灰度图的形式被显示。使用 Photoshop CS2 软件，人脸图像的瞳孔和虹膜区域被剪切出来并粘贴到眼睛的左角或者右角，形成看向左边或者右边的视线线索。这一操作保证了不同的图像之间只有眼睛内部区域不同，其他部分完全相同。

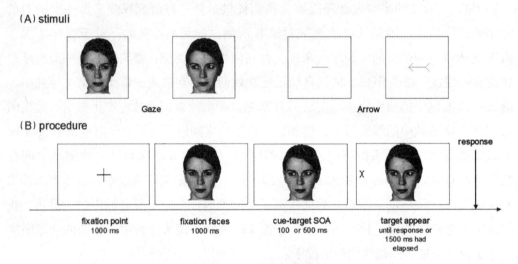

图 2-1　实验示意图

　　说明：A 部分：实验中使用的线索刺激和中心注视刺激，左边显示了视线线索，右边显示了箭头线索。B 部分：实验流程的示意图，图中的线索刺激是提供左视线的人脸，而目标刺激出现在左边，所以是一次线索有效的测试。

2.2.4　实验设计

　　线索刺激和目标刺激的显示时间间隔 SOA 为 100ms 和 600ms。在每次测试中，视线方向、目标位置以及 SOA 都采取随机选择的方式。也就是说，目标刺激出现在视线所指向位置的概率为 50%。实验分成 6 个 block，每个 block 包括 80 次测试，每个 block 后被测试者可以进行短时间的休息。包括 20 次用于练习的测试，每位被测试者总共需要完成 500 次测试。每个 block 的第一次测试的反应时被排除，不计入数据分析阶段。

2.2.5　实验流程

　　在每次测试中，被测试者集中注意于屏幕中心。图 2-1（B）显示了在一次测试中出现的事件顺序。首先，中心注视点显示在屏幕中心并保持 1000ms；其次，中心注视刺激被显示在屏幕中心并保持 1000ms；最后，线索刺激被显示并指向左边或者右边。在 100ms 或者 600ms SOA 时间间隔之后，目标字母 "X" 或者 "O" 呈现在屏幕左边或者右边直到被测试者按下响应按钮或者呈现时间超过 1500ms。在目标刺激显示之后，线索刺激仍然显示在屏幕上。被测试者的任务是对目标刺激的身份做出正确、快速的反应，一旦检测到目标刺激就按下键盘上的 "UP" 按钮（利用右手的中指）或者 "DOWN" 按钮（利用右手的食指），响应按钮和目标字母的映射关系在被测试者之间进行了平衡抵消处理，即一半的被测试者按下 "UP" 按钮来响应字母 "X"，而另外一半被测试者按下 "UP" 按钮来响应字母 "O"。被测试者已被告知中心线索刺激并不能预测目标刺激出现的具体位置，线索指示方位、目标出现的位置都是随机选择的。

2.2.6 实验结果

被测试者错过目标刺激或者按下错误的响应按钮的情况占总测试数的比例约为 2.6%。此外，低于 100ms 或者高于 1000ms 的响应时间被作为错误数据不进行分析。然后，在各种实验情况下，超过被测试者平均反应时两倍标准差的响应时间也被移除，最终导致 8.4% 的测试结果被移除。测试结果的错误率不存在有规律的变化趋势，说明实验中不存在反应速度与准确率之间的折中现象。表 2-2 显示了不同情况下被测试者的平均错误率。

表 2-1 不同情况下被测试者的反应时和标准差

	100ms				600ms			
	有效		无效		有效		无效	
	RT	SD	RT	SD	RT	SD	RT	SD
Pre-100ms								
前次有效	563.7	65.3	559.2	57.5	537.7	64.3	538.9	64.1
前次无效	558.0	53.5	553.2	61.1	530.8	56.1	535.3	68.1
Pre-700ms								
前次有效	563.0	63.0	564.4	56.2	531.1	64.9	544.0	69.4
前次无效	565.5	60.3	573.0	66.2	544.0	69.6	540.2	71.0

说明：实验中各种情况下（前次和当前测试线索有效性，前次和当前测试 SOA 长短）的平均反应时间（Average Reaction Time，RT）和标准差（Standard Deviation，SD）精度显示到小数点后一位，余下部分未显示。

表 2-1 显示了不同情况下被测试者的平均反应时，图 2-2 显示了不同情况下线索提示效应的大小。2（前次测试 SOA）×2（当前测试 SOA）×2（前次测试线索有效性）×2（当前测试线索有效性）的重复测量方差分析（ANOVA）显示，前次

测试 SOA 的主效应显著，F（1，32）=9.122，P<.005，表明当前次测试 SOA 变长时响应时间也变长。当前测试 SOA 的主效应显著，F（1，32）=30.589，P<.0001，表明当前测试 SOA 变长时，响应时间变短。前次测试 SOA 和前次测试线索有效性的交互作用显著，F（1，32）=9.096，P<.005。这一交互被包含在显著的前次测试 SOA ×SOA× 前次测试线索有效性 × 当前测试线索有效性的交互作用中，F（1，32）=4.200，P<.049。进一步的分析表明，前次测试线索有效性和当前测试线索有效性的交互作用（即时序效应）只在前次测试和当前测试 SOA 均为 600ms 时显著，F（1，32）=6.787，P<.014，但是在前次测试和当前测试 SOA 的其他组合情况下不显著（Ps>0.4）。各种 SOA 组合情况下的时序效应的平均值（即前次测试为线索有效情况下的线索提示效应减去前次测试为线索无效情况下的线索提示效应）如下：0.3ms（Pre100–100）、–3.2ms（Pre100–600）、–6.1ms（Pre600–100）和 16.7ms（Pre600–600）。没有其他主效应或者交互达到显著。

表 2–2　不同情况下被测试者的平均错误率和标准差

| | 100ms | | | | 600ms | | | |
| | 有效 | | 无效 | | 有效 | | 无效 | |
	ER	SD	ER	SD	ER	SD	ER	SD
Pre–100ms								
前次有效	8.5%	7.1	7.7%	4.5	7.2%	3.6	7.4%	3.9
前次无效	8.4%	4.3	9.3%	6.7	8.3%	4.3	7.8%	4.4
Pre–700ms								
前次有效	8.6%	5.9	9.5%	4.4	9.0%	5.7	9.9%	4.8
前次无效	9.1%	3.8	8.4%	4.3	8.5%	4.6	7.2%	6.2

说明：各种情况下具体指实验中各种情况下（前次和当前测试线索有效性，前次和当前测试 SOA 长短）的平均错误率（Average Error Rate，ER）和标准差（Standard Deviation，SD）。

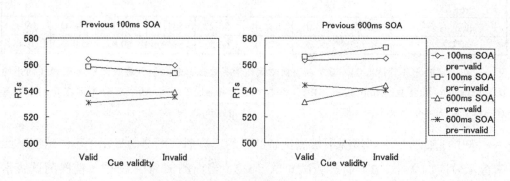

图 2–2　不同情况下被测试者的平均反应时（RTs）变化趋势的示意图

为了研究目标位置和目标身份对时序效应的影响，2（目标位置重复与否）×2（目标身份重复与否）×2（前次测试线索有效性）×2（当前测试线索有效性）的重复测量方差分析（ANOVA）被用于对反应时进行分析。结果显示，目标位置和目标身份的主效应都达到了显著，分别为 F（1，32）=15.044，P<.0001 和 F（1，32）=37.151，P<.0001。目标位置和目标身份的交互作用同样达到了显著，F（1，32）=200.270，P<.0001，表明目标身份的改变对反应时有减慢的作用，但是该作用只在目标位置重复情况下出现。此外，目标位置和前次测试线索有效性的交互作用达到了显著，F（1，32）=12.734，P<.001。没有其他主效应或者交互达到显著。

2.2.7 实验讨论

实验 1 的结果表明，显著的时序效应能够在采用辨别任务和视线线索的线索提示实验中产生。这一发现说明符号线索提示中的时序效应并不局限于特定的线索或者特定的实验任务，是一种在人脑注意转移系统中存在的具有普遍性的机制。此外，与前人（Qian、Shinomori 和 Song，2012）的研究结果类似，线索效应只在相对较长的 SOA 情况下被发现。但是，和 Qian、Song、Shinomori 和 Wang（2012）的研究结果不同，未发现目标位置和目标身份在测试之间的重复和改变对时序效应的显著影响。这一结果可能源于在当前实验的大部分测试中（特别是在 SOA 较短情况下）时序效应并不显著，导致目标位置和身份的影响未能显现出来。因此，我们将在实验 2 中继续对目标位置和目标身份的影响进行分析和研究。

2.3 实验 2

实验 2 的主要目的是对视线线索和箭头线索所引起的时序效应进行比较和分析。

2.3.1 被测试者

36 名大学生参加了本次实验（平均年龄为 23 岁，年龄区间为 19 ～ 27 岁，其中 15 人为女性）。所有的被测试者都具有正常或者已矫正的视力，并且对于实验的目的完全不知情。

2.3.2 实验装置和实验刺激

除增加了箭头线索外，实验装置和实验刺激与实验 1 相同。如图 2-1（A）所示，对于箭头线索来说，中心注视刺激是一条长 3° 视角的中心水平线。箭头形状的头和尾添加在水平线的前后形成指向左或者右的箭头线索。从箭头的头到尾的总长度为 4° 视角。

2.3.3 实验设计

线索刺激和目标刺激的显示时间间隔 SOA 为 600ms，这一较长的 SOA 能够保证实验能够产生显著的时序效应。在每次测试中，线索类似（视线或箭头）、线索指示方向和目标位置都采取随机选择的方式。也就是说，目标刺激出现在线索所指向位置的概率为 50%。实验分成 8 个 block，每个 block 包括 80 次测试，每个 block 后被测试者可以进行短时间的休息。包括 20 次用于练习的测试，每位被测试者总共需要完成 660 次测试。每个 block 的第一次测试的反应时被排除，不计入数据分析阶段。

2.3.4 实验流程

实验流程与实验 1 相同。

2.3.5 实验结果

被测试者错过目标刺激或者按下错误的响应按钮的情况占总测试数的比例约为 2.1%。此外，低于 100ms 或者高于 1000ms 的响应时间被作为错误数据不进行分析。然后，在各种实验情况下，超过被测试者平均反应时两倍标准差的响应时间也被移除，最终导致 7.5% 的测试结果被移除。测试结果的错误率不存在有规律的变化趋势，说明实验中不存在反应速度与准确率之间的折中现象。表 2-3 显示了不同情况下被测试者的平均错误率。

表 2-3 不同情况下被测试者的平均错误率

	RTs				ERs			
	有效		无效		有效		无效	
	RT	SD	RT	SD	ER	SD	ER	SD
前次有效	516.1	56.8	535.6	60.2	7.4%	3.1	7.7%	3.3
前次无效	520.7	56.7	530.5	57.6	7.4%	3.3	7.6%	4.4

说明：实验 2 中各种情况下（前次和当前测试线索有效性）的平均反应时（RT）平均错误率（ER）和标准差（SD）。精度显示到小数点后一位，余下部分未显示。

1. 平均时序效应

2（前次测试线索有效性）×2（当前测试线索有效性）的重复测量方差分析（ANOVA）显示，当前测试线索有效性的主效应显著，F（1，35）=47.865，P<.0001，表明产生了显著的线索提示效应。重要的是，前次测试线索有效性和当前测试线索有效性的交互作用达到了显著，F（1，35）=15.171，P<.0001，说明产生了显著的时序效应。时序效应的平均值为9.6ms。图2-3显示了反应时的变化趋势。

2. 不同线索类型产生的时序效应

2（前次测试线索类型）×2（当前测试线索类型）×2（前次测试线索有效性）×2（当前测试线索有效性）的重复测量方差分析（ANOVA）显示，当前测试线索有效性的主效应显著，F（1，35）=50.446，P<.0001，说明产生了显著的线索提示效应。前次测试线索有效性和当前测试线索有效性的交互作用达到了显著，F（1，35）=14.06，P<.001，说明产生了显著的时序效应。前次测试线索类型和前次测试线索有效性的交互作用显著，F（1，35）=8.265，P<.007，说明前次测试线索有效情况下的反应时比前次测试线索无效情况下要短，并且这一趋势只在前次测试线索为箭头的情况下成立，当前次测试线索为视线时的趋势与之相反。前次测试线索类型和当前测试线索有效性的交互作用显著，F（1，35）=4.548，P<.04，说明前次测试线索为箭头的情况下的线索提示效应比前次测试线索为视线的情况下要强。没有其他主效应或者交互作用达到显著。不同线索组合类型情况下时序效应的平均值如下：11.1ms（箭头—视线序列）、10.6ms（箭头—箭头序列）、7.1ms（视线—箭头序列）和7.2ms（视线—视线序列）。配对t检验的结果也表明，四种线索组合类型下的时序效应的两两之间不存在显著的情况（Ps>0.59）。

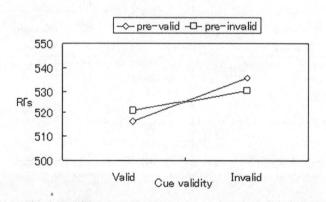

图2-3 不同情况下被测试者的平均反应时（RTs）变化趋势的示意图

表 2-4　不同情况下被测试者的平均反应时

| | 前次有效 | | | | 前次无效 | | | |
| | 有效 | | 无效 | | 有效 | | 无效 | |
	RT or ER	SD	RT or ER	SD	RT or ER	SD	RT or ER	SD
RTs								
箭头—视线	516.0	61.5	534.3	61.3	523.5	55.7	530.7	61.8
箭头—箭头	511.1	57.8	536.4	60.5	519.0	60.9	533.7	58.0
视线—箭头	522.8	62.8	538.4	63.7	523.6	57.8	532.1	60.6
视线—视线	521.1	57.8	535.1	61.9	518.5	59.1	525.3	59.0
ERs								
箭头—视线	7.5%	3.7	7.7%	4.8	7.0%	2.4	7.9%	6.4
箭头—箭头	6.4%	3.5	7.9%	4.3	7.2%	4.3	7.4%	5.3
视线—箭头	7.9%	3.6	7.0%	3.8	7.4%	5.9	7.7%	3.8
视线—视线	6.9%	4.4	6.9%	3.9	7.6%	4.5	7.6%	4.7

说明：实验 2 中各种情况下（前次和当前测试线索类型，前次和当前测试线索有效性）的平均反应时（RT）、平均错误率（ER）和标准差（SD）。精度显示到小数点后一位，余下部分未显示。

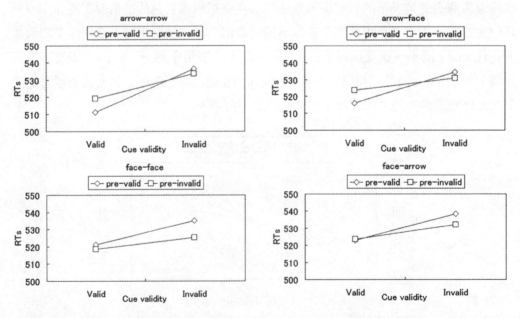

图 2-4　实验 2 中各种情况下（前次和当前测试线索类型，前次和当前测试线索有效性）的平均反应时（RTs）变化趋势的示意图

表 2-4 和图 2-4 显示了不同线索组合类型情况下的反应时变化趋势。从图中我们可以看到，时序效应在不同的组合类型下具有不同的变化趋势，并且这一趋势也被配对 t 检验所证实。具体来说，在箭头—箭头序列和箭头—视线序列情况下，时序效应主要表现为当前次测试为有效时，线索有效情况下反应时的加快，分析结果分别为 t（35）=1.779，P=0.084 和 t（35）=2.119，P<.041。但是对于视线—视线序列和视线—箭头序列情况来说，时序效应主要表现为当前次测试为无效时，线索无效情况下反应时的加快，分析结果分别为 t（35）=2.824，P<.008 和 t（35）=1.724，P=0.093。

3. 目标位置和目标身份对时序效应的影响

与实验 1 类似，为了研究目标位置和目标身份对时序效应的影响，2（目标位置重复与否）×2（目标身份重复与否）×2（前次测试线索有效性）×2（当前测试线索有效性）的重复测量方差分析（ANOVA）被用于对反应时进行分析。结果显示，目标位置和目标身份的主效应都达到了显著，分别为 F（1，35）=31.779，P<.0001 和 F（1，35）=35.923，P<.0001。与实验 1 类似，目标位置和目标身份的交互作用同样达到了显著，F（1，35）=121.552，P<.0001，表明目标身份的改变对反应时有减慢的作用，但是该作用只在目标位置重复情况下出现。目标位置和前次测试线索有效性的交互作用达到了显著，F（1，35）=25.232，P<.0001。此外，当前测试线索有效性的主效应也达到了显著，F（1，35）=41.302，P<.0001，说明产生了显著的线索提示效应，前次测试线索有效性和当前测试线索有效性的交互作用同样达到了显著，F（1，35）=12.774，P<.001，说明时序效应达到了显著。重要的是，目标位置 × 前次测试线索有效性 × 当前测试线索有效性的交互作用达到了最低限度的显著，F（1，35）=3.989，P=.054，这一发现重现了 Qian、Song、Shinomori 和 Wang（2012）关于目标位置对时序效应的显著影响的发现。没有其他主效应或者交互达到显著。

4. 第 N-2 次测试和第 N 次测试之间的时序效应

前面的分析未能发现时序效应受到视线线索和箭头线索不同组合类型的影响。换句话说，线索的身份即便在不断改变的情况下对时序效应也没有显著影响。但是，我们仍然需要在一个相对较长序列的情况下考虑线索类型的影响。例如，是否 N-2 次测试对时序效应有影响。在已有的研究中，Qian、Shinomori 和 Song（2012）在采用箭头线索的实验中已经发现第 N-1 次测试和第 N 次测试之间的时序效应不受第 N-2 次测试线索类型的显著影响。但是，在当前研究中第 N-1 次测试中的线索类型可能与第 N-2 次测试和第 N 次测试中的线索类型相同或者不同。所以，我们有必要分情况对第 N-2 次测试的影响做出分析。

表 2-5　实验 2 中各种情况下的平均反应时（RT）、平均错误率（ER）和标准差（SD）

	第 N-2 次有效				第 N-2 次无效			
	第 N 次有效		第 N 次无效		第 N 次有效		第 N 次无效	
	RT or ER	SD	RT or ER	SD	RT or ER	SD	RT or ER	SD
RTs								
视线—视线—视线	521.3	58.4	528.5	60.9	521.3	63.1	531.1	63.7
视线—箭头—视线	520.8	65.9	534.1	66.0	519.3	63.1	530.0	64.2
箭头—视线—箭头	517.0	63.6	539.6	64.0	523.2	61.7	530.5	71.3
箭头—箭头—箭头	518.9	53.4	536.9	56.5	514.9	63.4	536.6	61.6
ERs								
视线—视线—视线	7.3%	6.4	6.5%	5.8	6.3%	4.6	7.0%	6.5
视线—箭头—视线	6.8%	5.4	7.7%	6.5	6.3%	4.2	6.4%	5.6
箭头—视线—箭头	9.3%	7.6	7.3%	5.7	7.6%	7.1	6.9%	6.4
箭头—箭头—箭头	6.6%	5.3	9.6%	8.5	7.4%	5.4	7.1%	6.6

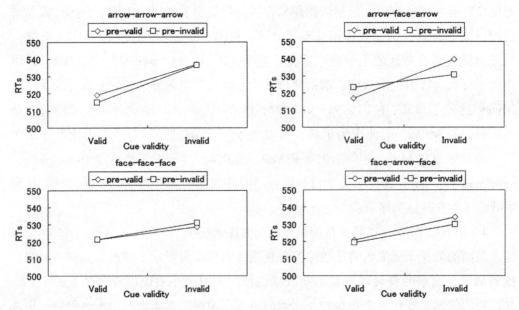

图 2-5　实验 2 中各种情况下（第 N-2 次、第 N-1 次和第 N 次测试线索类型，第 N-2 次和第 N 次测试线索有效性）的平均反应时（RTs）变化趋势的示意图

对所有可能线索组合情况下的反应时，2（第 N-2 次测试线索类型）×2（第 N 次测试线索有效性）的重复测量方差分析（ANOVA）被用于进行分析。对于视线—

视线—视线序列和箭头—箭头—箭头序列来说，时序效应未达到显著（Ps>.64）。这一结果与 Qian、Shinomori 和 Song（2012）的研究结果类似。对于视线—箭头—视线序列来说，时序效应仍然不显著（P>.77）。但是，对于箭头—视线—箭头序列来说，时序效应达到了显著，F（1，35）=4.484，P<.041。相关反应时结果如表 2–5 和图 2–5 所示。

5. 实验讨论

综上所述，在两种线索类型的所有可能组合的情况下，都发现了显著的时序效应。此外，虽然与前人结果类似的目标位置对时序效应的显著影响被发现，但是未发现目标刺激的身份对时序效应有显著影响。另外，在箭头—视线—箭头序列情况下，时序效应达到了显著，但在视线—箭头—视线等其他序列类型情况下未发现显著的时序效应。

2.4　讨　论

当前研究对线索提示任务中视线线索和箭头线索所引起的时序效应进行了对比和分析。在实验 1 的视线线索提示任务中，被测试者被要求对目标刺激的身份进行辨别，结果表明，视线线索在较长 SOA 情况下引起了显著的时序效应。此外，目标刺激的身份和相应的应答在测试之间的重复或改变对时序效应没有显著影响。当视线线索和箭头线索在实验 2 中被混合显示时，线索类型的四种组合方式都引起了显著的但没有区别的时序效应。此外，虽然与 Qian、Song、Shinomori 和 Wang（2012）所报道的结果相类似，目标刺激位置对时序效应产生了显著影响，但未发现目标刺激身份的显著影响。最后，对第 N–2 次和第 N 次测试之前可能存在的时序效应进行的分析表明，时序效应只在箭头—视线—箭头序列情况下被发现。

实验 1 的发现拓展了我们关于时序效应的知识，具体体现在以下几个方面。

（1）视线线索同样能够引起显著的时序效应。这一发现说明时序处理过程是一种在符号线索提示任务中具有普遍性的处理现象，其并不依赖于特定的线索类型，如箭头等。

（2）时序效应的出现并不依赖于特定的实验任务要求。据我们所知，已有的在线索提示范式中对时序效应进行测量的研究都采用了简单检测任务（Jongen 和 Smulders，2007；Qian、Shinomori 和 Song，2012）。在当前研究之前，我们并不清楚时序效应是否能够在采用其他任务的线索提示范式中被发现。

（3）实验 1 和实验 2 都发现反应时在目标刺激的身份发生改变时变慢了（至

少在目标刺激的位置重复的情况下）。这一现象可能归因于被测试者在目标刺激改变情况下需要较长的时间来重新选择正确的应答按钮。但是，时序效应并未受到目标刺激身份及其相应的应答重复或改变的显著影响。从记忆机制的角度，在时序处理中可能存在两个阶段：在前次测试中的初始编码阶段和在当前测试中的检索阶段。在前一阶段中线索朝向和目标位置的关联关系需要被编码到记忆系统，而在后一阶段中需要取出已经被编码保存的关联信息来对当前的注意转移过程进行调节。当前研究的结果可能反映了时序处理过程中的某些记忆机制，即目标刺激的身份信息在时序处理过程中并未被编码和存储。

实验1的另外一个发现是 SOA 对时序效应的显著影响。和已有研究的发现类似（Qian、Shinomori 和 Song，2012），时序效应只在较长 SOA 情况下才显著。正如 Qian、Shinomori 和 Song 所说的那样，较短的 SOA 可能不足以让线索指示方向和目标出现位置之间的空间关系被编码到记忆机制中去，导致时序效应不显著。确实，前人的研究已经表明箭头线索提示的加工时序要慢于周边线索提示（Frischen、Bayliss 和 Tipper，2007），这可能是由于如箭头之类的符号线索并不直接对空间位置做出预示，而是首先需要认知系统对线索的含义进行解释。Gibson 和 Bryant（2005）的实验结果同样说明，对不提供有效信息的箭头线索的加工处理能够对其所引起的注意转移产生调节作用。当然，根据短时策略调整假说，SOA 的显著影响可以被解释为较短 SOA 情况下被测试者的主观意识控制来不及形成有效的时序效应。因此，SOA 的显著影响可以被看作支持短时策略调整假说的证据之一。但是，到目前为止，除 SOA 影响的现有的证据都偏向于支持自动记忆检测假说，而不是短时策略调整假说。首先，对目标刺激出现位置不具有预测作用的线索同样能够引起时序效应。在相关研究文献中的一项共识是对目标位置没有预测作用的线索所引起的注意转移由自动的机制产生，不受主观意识控制的影响（Friesen 和 Kingstone，1998；Hommel、Pratt、Colzato 和 Godijn，2001）。其次，时序效应的产生不依赖于特定的实验配置，例如实验任务（检测或者辨别任务）或者线索刺激类型（视线线索或者箭头线索）。正如在引言部分所说的那样，视线线索所具有的生物学重要性对于被测试者来说是更加有意义和重要的线索。如果时序效应源于被测试者的策略调整，那么视线线索提示就应该引起比箭头线索提示更强的时序效应，但是实验结果却并不支持这样的结论。最后，显著的时序效应甚至能够在线索类型发生改变的情况下被发现，例如箭头—视线序列和视线—箭头序列。在这些情况下，被测试者所观察到的线索与前次测试中的线索完全不同。如果时序效应源于被测试者根据在前次测试中线索是否正确指示目标位置来动态调整当前测试中对该线索的利用程度，那么前后测试之间线索类型的改变就应该消除了时序处理过程，导致时序效应不显著。但是，时序效应在线索类型重复和改变的情况下没有显著区别。揭示 SOA 对时序效应的影响机制还需要更多更系统的研究。

实验 2 对视线线索和箭头线索所引起的时序效应进行了直接的对比。两种线索类型在实验中混合呈现。这一实验设置导致了四种前后测试之间的线索序列类型：视线—视线序列、视线—箭头序列、箭头—视线序列和箭头—箭头序列。重要的是，时序效应在这四种情况下都达到了显著。这一结果说明视线线索所引起的时序效应强弱与箭头线索类似，并且时序效应能够在不同线索之间产生（由视线到箭头或由箭头到视线）。这一发现支持自动记忆获取假说并且说明视线线索和箭头线索所引起的时序效应源于相同的处理系统，而这一系统很可能就是人脑中所谓的隐式记忆系统（Maljkovic 和 Nakayama，2000；Kristjánsson，2006）。

虽然不同线索组合类型下的时序效应不具有显著的区别，我们从图 2-4 中可以看到反应时在不同的情况下具有不同的趋势。具体来说，在箭头—箭头序列和箭头—视线序列情况下，时序效应主要表现为当前次测试有效时，线索有效情况下反应时的加快。但是对于视线—视线序列和视线—箭头序列情况来说，时序效应主要表现为当前次测试为无效时，线索无效情况下反应时的加快。有趣的是，这一反应时的趋势并未在对视线线索（当前研究中的实验 1）和箭头线索（Qian、Shinomori 和 Song，2012）进行单独实验的情况下显现出来。所以，这一反应时的趋势可能仅仅是一种巧合，或者这一趋势只在视线线索和箭头线索混合的情况下才能够被发现。

当前研究的最后一项发现是第 N-2 次测试和第 N 次测试之间的显著的时序效应，而这一结果只在箭头—视线—箭头序列情况下为真。与 Qian、Shinomori 和 Song（2012）的发现类似，第 N-2 次测试的线索有效性在箭头—箭头—箭头序列和视线—视线—视线序列情况下对时序效应没有显著影响。这一现象可能源于第 N-2 次测试中被编码的线索和目标空间关系已经被第 N-1 次测试中的空间关系所更新和覆盖。但是，当第 N-1 次测试的线索类型发生改变时，第 N-2 次测试中的空间关系就有可能未被完全更新，导致在第 N-2 次测试和第 N 次测试之间产生显著的时序效应。下一个研究问题是为什么所观察到的时序效应只发生在箭头—视线—箭头序列情况下，而不发生在视线—箭头—视线序列情况下。现有研究已经发现箭头线索引起的注意转移过程能够激活比视线线索引起的注意转移过程更加广泛的人脑神经网络（Hietanen、Nummenmaa、Nyman、Parkkola 和 Hämäläinen，2006；Tipper、Handy、Giesbrecht 和 Kingstone，2008）。所以，一个在两次箭头线索测试中间显示的视线线索测试可能只能激活有限的神经网络，导致第 N-2 次测试和第 N 次测试之前的时序处理过程不能够被完全更新和覆盖。相反，一个在两次视线线索测试中间显示的箭头线索测试能够激活较为广泛的神经网络，导致第 N-2 次测试和第 N 次测试之前的时序处理过程被完全更新和覆盖。揭示不同线索类型对时序效应的复杂影响机制还需要更多更系统的研究。

　　综上所述，当前研究对视线线索和箭头线索引起的时序效应进行了测量。实验结果表明，视线线索和箭头线索能够引起类似的时序效应。当前研究的发现拓展了我们关于时序效应的知识，表明时序效应的产生并不局限于特定的线索类型和特定的实验任务，这也说明时序处理过程是在注意转移系统中存在的具有普遍性的处理机制。

参考文献

Arjona, A., & Gómez, CM.（2011）.Trial-by-trial changes in a priori informational value of external cues and subjective expectancies in human auditory attention.PLoS One.

Dodd, M., & Pratt, J.（2007）.The effect of previous trial type on inhibition of return.Psychological Research, 71, 411-417.

Friesen, C., & Kingstone, A.（1998）.The eyes have it! Reflexive orienting is triggered by nonpredictive gaze.Psychonomic Bulletin & Review, 5, 490-495.

Friesen, C., & Kingstone, A.（2003）.Abrupt onsets and gaze direction cues trigger independent reflexive attentional effects.Cognition, 87, B1-B10.

Frischen, A., Bayliss, A., & Tipper, S.（2007）.Gaze cueing of attention：Visual attention, social cognition and individual differences.Psychological Bulletin, 133, 694-724.

Gibson, B., & Bryant, T.（2005）.Variation in cue duration reveals top-down modulation of involuntary orienting to uninformative symbolic cues.Perception & Psychophysics, 67, 749-758.

Hietanen, J.K., Nummenmaa, L., Nyman, M.J., Parkkola, R., &Hämäläinen, H.（2006）.Automatic attention orienting by social and symbolic cues activates different neural networks：An fMRI study.NeuroImage, 33, 406-413.

Hommel, B., Pratt, J., Colzato, L., & Godijn, R.（2001）.Symbolic control of visual attention.Psychological Science, 12, 360-365.

Gómez, CM., & Flores, A.（2011）.A neurophysiological evaluation of a cognitive cycle in humans.Neuroscience and Biobehavioral Reviews, 35, 452-461.

Gómez, CM., Flores, A., Digiacomo, MR., & Vázquez-Marrufo, M.（2009）.Sequential P3 effects in a Posner's spatial cueing paradigm：trial-by-trial learning of the predictive value of the cue.Acta Neurobiol.Exp.69, 155-167.

Jongen, E., & Smulders, F.（2007）.Sequence effects in a spatial cueing task：Endogenous orienting is sensitive to orienting in the preceding trial.Psychological Research, 71, 516-523.

Kristjánsson, A.（2006）.Rapid learning in attention shifts：A review.Visual

Cognition, 13, 324-362.

Langton, S., & Bruce, V. (1999).Reflexive visual orienting in response to the social attention of others.Visual Cognition, 6, 541-567.

Maljkovic, V., & Nakayama, K. (2000).Priming of pop-out: III.A short-term implicit memory system beneficial for rapid target selection.Visual Cognition, 7, 571-595.

Posner, M. (1980).Orienting of attention.Quarterly Journal of Experimental Psychology, 32, 3-25.

Pratt, J., & Hommel, B. (2003).Symbolic control of visual attention: The role of workingmemory and attentional control settings.Journal of Experimental Psychology: Human Perception and Performance, 29, 835-845.

Qian, Q., Shinomori, K., & Song, M. (2012).Sequence effectsby non-predictivearrow cues.Psychological Research, 76 (3), 253-262.

Qian Q., Song, M., & Shinomori, K. (2013).Gaze cueing as a function of perceived gaze direction, Japanese Psychological Research.Vol.55, No.3, 264-272.

Qian, Q., Song, M., Shinomori, K., & Wang, F. (2012).The functional role of alternation advantage in the sequence effect of symbolic cueing with nonpredictive arrow cues.Attention, Perception, & Psychophysics, 74 (7), 1430-1436.

Ristic, J., Friesen, C., & Kingstone, A. (2002).Are eyes special? It depends on how you look at it.Psychonomic Bulletin & Review, 9, 507-513.

Ristic, J., & Kingstone, A. (2012).A new form of human spatial attention: Automated symbolic orienting.Visual Cognition, 20, 244-264.

Tipper, C.M., Handy, T.C., Giesbrecht, B., & Kingstone, A. (2008).Brain responses to biological relevance.Journal of Cognitive Neuroscience, 20 (5), 879-891.

Tipples, J. (2002).Eye gaze is not unique: Automatic orienting in response to uninformative arrows.Psychonomic Bulletin & Review, 9, 314-318.

附　录

表2-6　实验1中各种情况下的平均反应时（RT）、平均错误率（ER）和标准差（SD）

	RTs				ERs			
	有效		无效		有效		无效	
	RT	SD	RT	SD	ER	SD	ER	SD
前次有效	547.1	59.9	550.9	59.8	8.5%	3.1	8.9%	2.8
前次无效	549.0	57.1	550.3	62.1	8.7%	3.2	8.0%	3.5

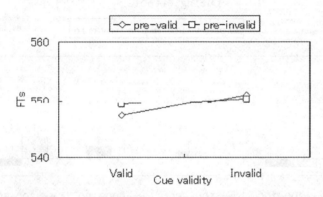

图2-6　实验1中各种情况下（前次和当前测试线索有效性）的平均反应时（RTs）变化趋势的示意图

表2-7　实验1中各种情况下的平均反应时（RT）、平均错误率（ER）和标准差（SD）

	RTs				ERs			
	有效		无效		有效		无效	
	RT	SD	RT	SD	ER	SD	ER	SD
100ms SOA								
前次有效	559.7	44.6	562.3	41.5	8.0%	3.5	7.3%	3.0
前次无效	558.0	37.1	559.0	46.1	7.8%	3.4	8.0%	3.4
600ms SOA								
前次有效	525.6	46.4	529.2	46.3	7.1%	2.9	8.0%	3.2
前次无效	526.3	50.9	527.4	56.4	7.6%	3.3	7.9%	4.7

表2-8　实验1中各种情况下的平均反应时（RT）、平均错误率（ER）和相应的标准差（SD）

	RTs				ERs			
	有效		无效		有效		无效	
	RT	SD	RT	SD	ER	SD	ER	SD
Pre-100ms SOA								
前次有效	538.6	47.4	540.0	44.3	6.8%	2.6	8.2%	2.9
前次无效	538.2	39.5	532.1	49.2	8.0%	4.3	7.2%	3.6
Pre-600ms SOA								
前次有效	548.3	42.5	551.1	46.5	8.9%	3.5	7.7%	2.7
前次无效	545.4	46.8	553.7	49.3	8.3%	3.2	8.1%	3.7

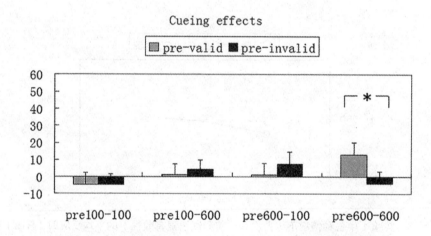

图2-7　实验1中各种情况下的线索提示效应大小变化趋势的示意图

说明：星号代表统计上的显著差异（显著等级为0.05）。误差线表示线索提示效应平均值的标准误（SE）。

表2-9　实验1中各种情况下的平均反应时（RT）和标准差（SD）

	100ms SOA				600ms SOA			
	有效		无效		有效		无效	
	RT	SD	RT	SD	RT	SD	RT	SD
Pre-100ms SOA								
前次有效	563.7	65.3	559.2	57.5	537.7	64.3	538.9	64.1
前次无效	558.0	53.5	553.2	61.1	530.8	56.1	535.3	68.1
Pre-600ms SOA								
前次有效	563.0	63.0	564.4	56.2	531.1	64.9	544.0	69.4
前次无效	565.5	60.3	573.0	66.2	544.0	69.6	540.2	71.0

表 2-10　实验 1 中各种情况下的平均错误率（ER）和标准差（SD）

	100ms SOA				600ms SOA			
	有效		无效		有效		无效	
	ER	SD	ER	SD	ER	SD	ER	SD
Pre-100ms SOA								
前次有效	8.5%	7.1	7.7%	4.5	7.2%	3.6	7.4%	3.9
前次无效	8.4%	4.3	9.3%	6.7	8.3%	4.3	7.8%	4.4
Pre-600ms SOA								
前次有效	8.6%	5.9	9.5%	4.4	9.0%	5.7	9.9%	4.8
前次无效	9.1%	3.8	8.4%	4.3	8.5%	4.6	7.2%	6.2

表 2-11　实验 1 中各种情况下的平均反应时（RT）和标准差（SD）

	RTs							
	目标身份重复				目标身份改变			
	有效		无效		有效		无效	
	RT	SD	RT	SD	RT	SD	RT	SD
目标位置重复								
前次有效	529.7	66.6	529.6	63.9	518.1	54.8	522.7	73.5
前次无效	588.9	68.7	590.0	61.3	589.8	57.1	583.8	60.5
目标位置改变								
前次有效	543.1	66.2	546.9	64.0	542.0	66.0	548.8	70.0
前次无效	543.9	60.9	543.9	61.5	549.9	62.0	547.6	61.6

表 2-12　实验 2 中各种情况下的平均反应时（RT）和标准差（SD）

	RTs							
	目标身份重复				目标身份改变			
	有效		无效		有效		无效	
	RT	SD	RT	SD	RT	SD	RT	SD
目标位置重复								
前次有效	498.7	62.5	524.2	62.7	554.6	66.5	568.4	71.1
前次无效	505.6	58.2	510.2	63.0	548.4	61.8	554.6	65.8
目标位置改变								
前次有效	508.8	57.8	524.0	56.2	514.6	60.6	529.0	65.0
前次无效	513.4	58.8	528.4	55.0	520.2	57.5	529.8	58.8

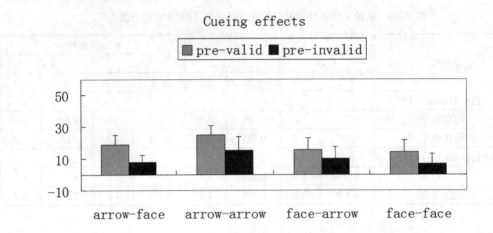

图 2-8　实验 2 中各种情况下的线索提示效应大小变化趋势的示意图

说明：误差线表示线索提示效应平均值的标准误（SE）。

第三章　真实视线线索所引起的线索提示效应具有特殊性

3.1 引　言

只要人的眼睛处于睁开状态，大脑就会源源不断地从外界获取视觉信息，但是并不是所有的信息都和当前的行为和目的相关。因此，大脑认知系统的一项重要功能就是对外界信息进行选择，只对那些与当前任务相关的或者重要的信息进行处理。人的眼睛所形成的视线信息是一种重要的交流工具，能够吸引观察者的注意（Birmingham、Bischof 和 Kingstone，2008）或者转移其注意到视线所关注的位置（Friesen 和 Kingstone，1998）。为了研究这一视线跟随现象，或者说视线引起的注意转移现象，研究者们广泛应用了视线线索提示范式。在采用这一范式的典型实验中，被测试者集中注意于屏幕中心的注视点，而一个在注视中心呈现的人脸刺激将提供一个看向左边或者右边的视线线索，在一定的呈现时间间隔（SOA）之后，一个目标刺激呈现在屏幕的左边或者右边，一旦被测试者感知到目标的出现就按下相应的应答按钮。虽然被测试者已经被告知人脸刺激的视线方向与目标刺激出现位置没有相关性，其反应时还是会出现这样的一种趋势，那就是对目标刺激在视线线索指向位置出现时的应答要比其在视线线索指向位置相反位置出现时的应答要快。这一反应时的加快被称为视线线索效应（Gaze cueing effect），并被认为反映了自动的注意定向和转移机制（Frischen、Bayliss 和 Tipper，2007）。

与传统空间提示范式中突发的周边事件所引起的线索效应类似，视线线索提示被认为是一种反射式和自动的处理过程，原因如下：首先，视线线索效应在较短的SOA 情况下就能够快速地显现出来（Friesen 和 Kingstone，1998）。其次，在较短的 SOA 情况下，即使被测试者已经被告知目标物体有更大的几率在视线线索指示方向的相反位置出现，视线线索效应仍然能够产生（Friesen、Ristic 和 Kingstone，2004）。这意味着视线引起的注意转移具有强制性，不被主观意识控制所抑制。最后，视线线索效应在较长的 SOA 情况下逐渐消失，并在更长的 SOA（如 2400ms）

情况下表现为抑制效应，即对出现在视线指示方向的目标的反应时比出现在相反方向的目标的反应时要长（Frischen 和 Tipper，2004；Frischen、Smilek、Eastwood 和 Tipper，2007）。

自动的注意转移能够被在注视中心呈现的不提供有效信息的视线线索所触发，这一事实使得一些研究者认为眼睛和视线由于其在生物学上所具有的显著性和重要性是一种特殊的注意线索（Friesen 和 Kingstone，1998、2003）。但是，与视线线索特殊性的说法相矛盾的是，越来越多的行为研究发现具有方向指示性的箭头线索同样能够引起显著的线索效应（Hommel、Pratt、Colzato 和 Godijn，2001；Tipples，2002；Qian、Shinomori 和 Song，2012）。这些发现预示了另外一种可能性的存在，那就是视线线索提示并不是一个独特和特殊的处理过程。因此，很多研究者试图通过寻找视线线索提示和箭头线索提示之间的不同点来证明视线线索的特殊性。

在行为研究中，不提供有效信息的视线线索和箭头线索通常产生相同的注意转移（Ristic、Friesen 和 Kingstone，2002；Tipples，2002），这就导致研究者们试图从其他方面寻找两种线索的不同。例如，Friesen、Ristic 和 Kingstone（2004）发现对目标位置具有相反预测作用的视线线索仍然能够引起注意向其指示方位发生转移，但箭头线索不具有这一能力。类似的结果同样被 Downing、Dodds 和 Bray（2004）所发现。这些发现说明虽然所有能够指示方向的线索都能够引起自动的注意转移，但是只有视线线索能够抵抗自上而下的主观倾向的影响。但是，和这些研究结果相反，Hommel 等人（2001）发现当被测试者知道目标刺激更可能出现在线索指示相反位置时，箭头线索同样能够引起朝向线索指示方向的反射性的注意转移。此外，Tipples（2008）重复了 Friesen 等人（2004）的实验条件，发现对目标位置具有相反预测作用的视线线索和箭头线索都能够引起注意向其指示方位发生转移。

Langdon 和 Smith（2005）发现视线线索，而不是箭头线索，能够引起和周边线索类似的易化和损失共存的效应。易化指的是相对于中立情况，线索提示有效时反应时的加快；损失指的是相对于中立情况，线索提示无效时反应时的减慢。Langdon 和 Smith 认为视线线索在注意转移中的这一独特的属性反映了其特殊性。但是，Friesen 和 Kingstone（1998）却发现视线线索能够引起易化效应，但是却没有引起损失效应，这与 Langdon 和 Smith 的发现不一致。此外，在一系列的采用眼跳任务的视线线索提示实验中（Kuhn 和 Benson，2007；Koval、Thomas 和 Everling，2005），研究者们发现眼跳的潜伏期在线索有效情况下比线索无效和线索中立情况下快（即易化效应），但是眼跳的潜伏期在线索无效和线索中立情况下没有显著区别（即不存在损失效应）。

　　为了证明视线线索的特殊性，Ristic 和 Kingstone（2005）给被测试者呈现了一个既能够被看成包含眼睛的人脸，又能被看成卡通车的线索刺激，并发现只有在被测试者被告知线索刺激表示的是眼睛时，该线索刺激才能引起无意识的注意转移。这一结果说明，线索刺激必须被感知为包含眼睛才能够引起注意的转移，并且一旦这一感知被激活，那么即使要求被测试者将线索刺激看成卡通车也不能够抑制注意转移的发生。但是，在另外一项研究中，当相同的刺激被放大之后，相同的实验却并没有获得相同的结果（Kingstone、Tipper、Ristic 和 Ngan，2004）。在这一研究中，不管被测试者对线索有什么样的感知，线索刺激都引起了注意的转移。

　　总之，虽然很多研究都试图证明视线线索具有与其他符号线索（如箭头）不同的特殊性，但已有的研究结果并没有发现视线线索和箭头线索在线索提示过程中显著的不同。这些否定的发现已经使得一些研究者质疑线索提示范式在区分不同的（具有和不具有生物学重要性的）线索时的能力（Birmingham 和 Kingstone，2009），甚至提出新的理论认为符号线索由独立的注意转移系统所控制，与传统的内源性和外源性注意转移具有不同的属性（Gibson 和 Kingstone，2006；Ristic 和 Kingstone，2012）。

　　除了认为视线线索提示具有特殊性之外，很多早期的研究者还认为视线线索提示是完全反射式的处理过程，并不受自上而下处理的影响。但是，这一说法可能只在较短的 SOA 情况下才成立。最近的一些研究结果证实至少在较长的 SOA 情况下，高层认知处理，如精神状态归因（Mental state attribution）或者对线索的解释等，能够显著地影响视线所引起的注意转移过程。例如，Nuku 和 Bekkering（2008）比较了眼睛张开和闭合情况下（实验1），以及眼睛部分被太阳镜遮蔽和被长方形色块遮蔽情况下（实验2），某侧脸刺激所引起的视线线索效应强弱。实验结果表明，至少在较长的 SOA 情况下，眼睛张开（或者被太阳镜遮蔽）时的线索效应比眼睛闭合（或者被色块遮蔽）时的线索效应更大。这一发现说明被测试者对视线线索所具有的精神状态进行了归类，把视线线索分为能看见和不能看见两类，这一归类过程最终影响到线索效应的强弱。在一个较长的 400ms SOA 情况下，Teufel、Alexis、Clayton 和 Davis（2010）采用不同的线索刺激得到了与 Nuku 和 Bekkering 的发现相类似的现象。此外，Kawai（2011）发现当人脸刺激的视线方向被竖直显示的障碍物隔断时，视线线索没有引起注意的转移现象。值得注意的是，这一注意转移现象的缺失仅发生在较长的 300ms SOA 情况下，而在较短的 105ms SOA 情况下，线索效应在视线方向被隔断或者没有隔断两种情况下都达到了显著。前面所叙述的这些研究成果都表明，视线线索所引起的注意转移现象并不是基于单纯的反射式处理过程而产生，自上而下的高层认知处理过程也起到了重要的调节作用，这一研究结论同样被国内研究者的发现所证实（张智君、赵亚军、占琪涛，2011）。并且，由于高层处理过程通常具有较长的处理延时，因此只有在较长的SOA情况下高层认知处理才开始起作用。受这一结论启发，在区分视线线索提示和箭头线索提示时不能仅从对两者来说非常类似的反射式成分入手，而是要从不同的自上而下处理部分入手。

对相关文献进行的查阅表明，几乎所有的已有研究都采用了在block之间对视线和箭头线索引起的注意转移进行比较的实验设计。虽然从实验条件来看，不同的block之间只存在线索类别的不同，但是这一实验配置可能导致自上而下的高层处理过程的缺失，从而导致无法从线索效应的强弱来区分两种线索。确实，当整个block中仅有一种类型的线索时，注意转移系统将不能对不同线索进行直接比较，而这一比较过程所导致的对不同线索注意转移能力的评估可能是视线线索特殊性显现的关键因素。

因此，当前研究的目的是通过在传统的线索提示范式中采用在block内部混合的实验设计来探索视线线索和箭头线索的不同。在block内部混合显示不同线索刺激类型的实验设计能够使得对线索类型进行对比等自上而下处理发生作用。首先，在实验1中，之前研究中采用在block之间进行对比时无法分辨的实验结果将被重现。其次，在实验2中，线索类型在block内部被随机选取。如果视线线索是一类特殊的线索，那么在当前的block内部混合的实验设计下，视线线索就应该能够引起和箭头线索有明显区别的线索效应。此外，考虑到自上而下处理通常具有较长的处理延时，具有显著区别的线索效应可能只在较长的SOA情况下出现。最后，在实验3中一张漫画人脸刺激图片，而不是在前两个实验中所使用的真实人脸图片，被用于提供视线线索。由于漫画人脸对真实人脸信息进行了高度的抽象化，漫画人脸刺激对被测试者的感知过程而言很可能没有真实人脸刺激情况下那么强烈和重要，很可能导致其所引起的线索提示效应减弱，从而不能和箭头线索所引起的线索提示效应区分开来。

3.2　实验1

3.2.1　被测试者

21名大学生参加了本次实验（平均年龄为26岁，年龄区间为20~32岁，其中8人为女性）。所有的被测试者都具有正常或者已矫正的视力，并且对于实验的目的完全不知情。

3.2.2 实验装置

实验刺激被显示在一台 LCD 显示器上，该显示器由一台戴尔电脑主机控制。被测试者坐在离屏幕中心大约 60 厘米的位置上。

3.2.3 实验刺激

（A）线索刺激

视线   箭头

（B）实验流程

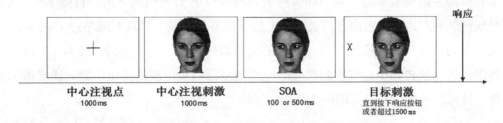

中心注视点	中心注视刺激	SOA	目标刺激
1000ms	1000ms	100 or 500ms	直到按下响应按钮或者超过1500ms

图 3-1 线索刺激和实验流程示意图

说明：A 部分为实验中使用的线索刺激和中心注视刺激，左边显示了视线线索，右边显示了箭头线索。B 部分为实验流程的示意图，图中显示的是一次线索有效的测试。

一个所占视角为 1°的十字被显示在屏幕的中心作为中心注视点。目标刺激是宽 1°、高 1°视角的黑色大写字母"X"，并被显示在离中心注视点 15°视角远的屏幕的左边或者右边。如图 3-1（A）所示，中心线索刺激是人脸图像和箭头。对于视线线索来说，中心注视刺激是一张直视向观察者的女性的人脸，约 4°视角宽，7°视角高，以 8 比特灰度图的形式被显示。使用 Photoshop CS2 软件，人脸图像的瞳孔和虹膜区域被剪切出来并粘贴到眼睛的左角或者右角，形成看向左边或者右边的视线线索。这一操作保证了不同的图像之间只有眼睛内部区域不同，其他部分完全相同。对于箭头线索来说，中心注视刺激是一条长 3°视角的中心水平线。箭头形状的头和尾添加在水平线的前后形成指向左或者右的箭头线索。从箭头的头到尾的总长度为 4°视角。

3.2.4 实验设计

线索刺激和目标刺激的显示时间间隔 SOA 为 100ms 和 500ms。在每次测试中，线索指示方向、目标位置以及 SOA 都采取随机选择的方式。实验分为两个 Session，分别对视线线索和箭头线索进行测试。Session 的测试顺序在所有被测试者中进行了平衡抵消。每个 Session 包含 400 次测试，并被分为 4 个 block。在每个 block 中，20 次测试是错误捕捉测试，即目标刺激不被显示的测试。包括每个 Session 开始之前的 20 次练习测试，每个被测试者共完成 840 次测试。

3.2.5 实验流程

在每次测试中，被测试者集中注意于屏幕中心。图 3-1（B）显示了在一次测试中出现的事件顺序。首先，中心注视点显示在屏幕中心并保持 1000ms；其次，中心注视刺激被显示在屏幕中心并保持 1000ms；最后，线索刺激（视线或箭头）被显示并指向左边或者右边。在 100ms 或者 500ms SOA 时间间隔之后，目标字母 "X" 呈现在屏幕左边或者右边直到被测试者按下应答按钮或者呈现时间超过 1500ms。被测试者的任务是一旦检测到目标刺激的出现就快速按下键盘上的 "SPACE" 按钮。被测试者已被告知中心线索刺激并不能预测目标刺激出现的具体位置，线索指示方位、目标出现的位置都是随机选择的。

3.2.6 实验结果和讨论

被测试者错过了约 0.5% 的目标刺激并在 1.0% 的错误捕捉测试中按下了应答按钮。此外，低于 100ms 或者高于 1000ms 的反应时被作为错误数据不进行分析。然后，在各种实验情况下，超过被测试者平均反应时两倍标准差的反应时也被移除。最终导致 5.5% 和 5.1% 的测试结果分别从视线线索和箭头线索情况下被移除。测试结果的错误率不存在有规律的变化趋势，说明实验中不存在反应速度与准确率之间的折中现象。

表 3-1 显示了不同情况下被测试者的平均响应时间和标准差，图 3-2 显示了不同情况下线索提示效应的大小。2（线索类型）×2（SOA）×2（线索有效性）的重复测量方差分析（ANOVA）显示，SOA 的主效应显著，$F_{(1, 20)}=58.053$，$P<.0001$，$\eta p2=0.744$，表明当 SOA 变长时反应时变短。线索类型和 SOA 的交互作用显著，$F_{(1, 20)}=9.151$，$P<.007$，$\eta p2=0.314$。线索有效性的主效应显著，$F_{(1, 20)}=16.128$，$P<.001$，$\eta P2=0.446$，说明产生了显著的线索效应，即线索有效

状态下的反应时比线索无效状态下快。但是，线索类型的主效应以及线索类型与线索有效性的交互作用都未达到显著（Ps>0.52），表明反应时的长短和线索效应的大小在视线线索和箭头线索两种情况下没有显著区别。线索效应（线索无效时的反应时减去线索有效时的反应时）的平均大小分别为 7.5ms（视线线索）和 6.2ms（箭头线索）。

表 3-1　实验 1 和实验 2 中各种情况下的平均反应时（RT）和标准差（SD）

	视线				箭头			
	有效		无效		有效		无效	
	RT	SD	RT	SD	RT	SD	RT	SD
实验 1								
100ms	393	49	399	54	388	48	395	49
500ms	349	55	359	58	357	55	363	54
实验 2								
100ms	404	59	413	55	394	49	405	57
500ms	352	61	373	66	366	65	368	56

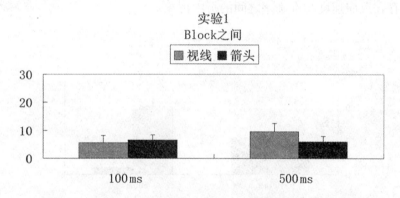

图 3-2　实验 1 中各种情况下的平均线索效应大小的示意图

3.3　实验 2

3.3.1　被测试者

15 名大学生参加了本次实验（平均年龄为 21 岁，年龄区间为 19~22 岁，其中 6 人为女性）。所有的被测试者都具有正常或者已矫正的视力，并且对于实验的目的完全不知情。

3.3.2 实验装置、实验刺激、实验设计和实验流程

实验装置和实验刺激与实验 1 相同。

线索刺激和目标刺激的显示时间间隔 SOA 为 100ms 和 500ms。在每次测试中，线索类型、线索指示方向、SOA 和目标位置都采取随机选择的方式。实验包括 6 个 block，每个 block 包含 80 次测试。在每个 block 中，16 次测试为错误捕捉测试，即目标刺激不被显示的测试。包括 Session 开始之前的 20 次练习测试，每个被测试者共完成 420 次测试。

实验流程与实验 1 相同。

3.3.3 实验结果和讨论

被测试者错过了约 0.4% 的目标刺激并在约 1.2% 的错误捕捉测试中按下了应答按钮。错误数据的处理与实验 1 相同。最终约 5.3% 和 4.7% 的测试结果分别从视线线索和箭头线索情况下被移除。测试结果的错误率不存在有规律的变化趋势，说明实验中不存在反应速度与准确率之间的折中现象。

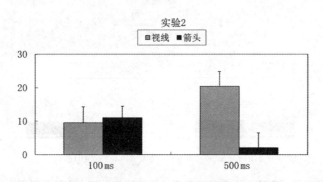

图 3-3　实验 2 中各种情况下的平均线索效应大小的示意图

表 3-1 显示了不同情况下被测试者的平均响应时间和标准差，图 3-3 显示了不同情况下线索提示效应的大小。2（线索类型）×2（SOA）×2（线索有效性）的重复测量方差分析（ANOVA）显示，SOA 的主效应显著，$F_{(1, 14)}=43.62$，$P<.0001$，$\eta p2=.757$，以及 SOA 和线索类型的交互作用显著，$F_{(1, 14)}=7.515$，$P<.016$，$\eta p2=.349$。线索有效性的主效应显著，$F_{(1, 14)}=15.971$，$P<.001$，$\eta p2=.533$，说明产生了显著的线索效应。重要的是，线索类型与线索有效性的交互作用达到了显著，$F_{(1, 14)}=8.256$，$P<.012$，$\eta p2=0.371$，表明视线线索产生了比箭头线索更大的线索效应。此外，线索类型、线索有效性和 SOA 三者之间的交互作

用接近显著，$F_{(1, 14)}=3.727$，$P=.074$，$\eta p2=.210$，说明两种线索类型之间线索效应的差异主要出现在 500ms SOA 情况下。线索效应的平均大小分别为 14.5ms（视线线索）和 6.5ms（箭头线索）。

为了对前后测试中线索类型改变或重复的影响进行测量，2（线索类型重复与否）×2（线索类型）×2（SOA）×2（线索有效性）的重复测量方差分析（ANOVA）用于对反应时进行分析。分析结果与上面的分析类似，线索有效性的主效应显著，$F_{(1, 14)}=17.353$，$P<.001$，线索类型和线索有效性的交互作用显著，$F_{(1, 14)}=7.467$，$P<.016$，线索类型、线索有效性和 SOA 三者之间的交互作用达到了最低限度的显著，$F_{(1, 14)}=4.428$，$P=.054$。线索类型重复与否的主效应显著，$F_{(1, 14)}=9.061$，$P<.009$，说明反应时在前后测试线索类型重复情况下比改变情况下要快。没有其他主效应或者交互作用达到显著。虽然线索类型重复与否和线索有效性的交互作用未达到显著，但我们可以发现一个反应时的变化趋势（见附录中的图 3–5），那就是视线线索引起比箭头线索更强的线索提示效应，但是这一现象在前后测试线索类型改变的情况下（至少是 500ms SOA 情况下）更显著。配对样本 t 检验的结果表明，在 500ms SOA 情况下，视线线索和箭头线索在前后测试线索类型改变情况下引起了不同的线索提示效应大小，$t_{(14)}=2.23$，$P<.043$，但是这一区别在前后测试线索类型重复的情况下不显著（$P=.172$）。

3.4 实验 3

3.4.1 被测试者

20 名大学生参加了本次实验（平均年龄为 25 岁，年龄区间为 23~27 岁，其中 10 人为女性）。所有的被测试者都具有正常或者已矫正的视力，并且对于实验的目的完全不知情。

3.4.2 实验装置、实验刺激、实验设计和实验流程

除以下两点外，实验装置和实验刺激与实验 1 相同。第一，真实人脸刺激被替换成漫画人脸刺激，该刺激的示意图如图 3–4 所示。第二，在中心注视点和线索刺激之间不再有中心注视刺激被

图 3–4 实验 3 中采用的漫画人脸刺激的示意图

显示。

线索刺激和目标刺激的显示时间间隔 SOA 为 500ms。在每次测试中，线索类型、线索指示方向和目标位置都采取随机选择的方式。实验包括 4 个 block，每个 block 包含 80 次测试。在每个 block 中，16 次测试为错误捕捉测试，即目标刺激不被显示的测试。包括实验开始之前的 20 次练习测试，每个被测试者共完成 340 次测试。

实验流程与实验 1 相同。

3.4.3 实验结果和讨论

被测试者错过了约 0.4% 的目标刺激并在约 0.7% 的错误捕捉测试中按下了应答按钮。错误数据的处理与实验 1 相同。最终约 5.3% 和 5.1% 的测试结果分别从视线线索和箭头线索情况下被移除。测试结果的错误率不存在有规律的变化趋势，说明实验中不存在反应速度与准确率之间的折中现象。

表 3-2　实验 3 中各种情况下的平均反应时（RT）、平均错误率（ER）和标准差（SD）

	RTs				ERs			
	有效		无效		有效		无效	
	RT	SD	RT	SD	ER	SD	ER	SD
漫画人脸	378.7	60.1	385.9	59.7	5.0%	1.6	5.1%	2.0
箭头	376.1	62.8	389.1	58.5	6.1%	2.9	4.5%	1.7

2（线索类型）×2（线索有效性）的重复测量方差分析（ANOVA）显示，线索有效性的主效应显著，$F_{(1, 19)}=21.563$，$P<.0001$，说明产生了显著的线索效应。重要的是，线索类型与线索有效性的交互作用未达到显著（$P>0.33$），表明漫画人脸提供的视线线索产生的线索效应强弱与箭头线索产生的线索效应没有显著区别。没有其他主效应或交互达到显著。

3.5　综合讨论

当前研究调查了视线和箭头线索在线索提示范式中引起的注意转移。研究结果发现，在 block 之间进行比较时，两种线索产生了无法分辨的线索效应。但是，当线索类型在 block 内部混合显示时，视线线索（至少是由真实人脸所提供的视线线索）引起了比箭头线索更大的线索效应。这一结果说明，视线线索能够触发比其他符号线索（如箭头）更强的注意转移。

很多研究都试图通过对比视线线索提示和箭头线索提示来对注意在社会认知中的作用进行评估。尽管相关研究很多，但是研究的结果通常都是两种线索类型产生相同或者具有很小的差异的线索效应。例如，视线线索和箭头线索产生无法区分的反应时并且都能够抵抗主观意识控制的影响（Tipples，2008）。当前研究指出了未能发现两种线索提示显著差异的一个可能的原因，那就是采用了在 block 之间进行比较的方式。这样的实验设计很可能使得在注意转移系统中的某些自上而下处理（如对不同线索类型的对比处理）无法发挥作用，最终导致相同的注意转移结果。最近的一些研究表明，至少在较长的 SOA 情况下，高层认知处理能够对视线所引起的注意转移产生显著影响（Nuku 和 Bekkering，2008；Teufel et al.，2010；Kawai，2011）。当线索类型混合显示时，对视线线索和箭头线索的对比有可能导致被测试者对不同的线索具有不同的评价，最终使得线索之间不同的注意转移能力显现出来。这一可能性能够对已有研究中所获得的消极结果做出解释。当前研究中的实验2采用了不同线索类型在 block 内部进行混合的实验方法，实验结果发现视线线索提示和箭头线索提示的注意转移能力具有显著的区别。

当前的研究发现进一步证实了线索提示是反射式处理与自上而下处理相结合的处理过程。此外，线索与目标刺激之间的显示时间间隔在这一过程中起到重要的作用。正如已经被前人的研究结果（如 Friesen、Ristic 和 Kingstone，2004）所证实的那样，在较短的 SOA 情况下，反射式处理占有优势。在当前研究中的 100ms SOA 情况下，视线和箭头线索在不同的实验配置下都引起了无法区分的线索效应。但是，在较长 500ms SOA 情况下，仅仅对线索刺激的呈现方式进行了改变就导致两种线索类型下线索效应强弱发生了显著改变。这一现象只能归因于被测试者在不同实验条件下自上而下处理的不同。很有可能线索类型在 block 内部的改变激活了注意转移系统中对不同线索类型的对比处理过程，这一过程把视线归类为较强的线索而把箭头归类为较弱的线索，其结果是视线线索提示被强化而箭头线索提示被弱化。

当然，当前的研究结果也可以有其他的一些解释。例如，当同一线索类型在整个 block 中被多次呈现时，注意转移系统的激活程度由于疲劳效应不断降低，导致不同线索类型引起的线索效应较弱而无法被区分。然而，当线索类型在前后测试中发生改变时，注意转移系统能够被完全激活，使得线索效应的不同显现出来。这一疲劳假说能够解释线索类型混合显示时视线线索提示的强化作用，但是却不能解释相同情况下箭头线索提示的弱化作用。

通过对传统的线索提示范式进行改进，一些近期的研究也发现了视线线索提示和箭头线索提示的不同。例如，Ristic、Wright 和 Kingstone（2007）在一个采用了颜色意外事件的实验中对比了视线和箭头线索。实验结果表明，箭头引起的反射性注意转移只发生在目标刺激颜色和线索刺激颜色相同的情况下，而无论目标刺激颜色和线索刺激颜色相同或者不同，视线引起的反射性注意转移都能够被检测到。这一结果说明，视线引起的注意转移比箭头引起的注意转移具有更强的反射性和自动性。

在另外一项研究中，Marotta、Lupiáñez 和 Casagrande（2012）测量了视线和箭头线索引起的注意转移是否具有脑半球的偏侧性。实验结果发现，视线线索引起的注意转移只有在目标刺激在左视野显示时才能被观测到，而无论目标刺激显示在左视野还是右视野，箭头线索引起的注意转移都很显著。此外，Marotta、Lupiáñez、Martella 和 Casagrande（2012）在传统的线索提示范式中加入了两个矩形来代表不同的物体，结果发现箭头线索引起的线索效应是基于物体的，而视线线索引起的线索效应是基于位置的。这一发现说明，箭头线索引起的注意转移能够被定位到与指示位置邻近的同一物体上，而视线线索引起的注意转移只对位于特定位置的物体有效。值得一提的是，在 Marotta 等人的实验 2 和实验 3 中，视线和箭头线索在一个 block 中被混合呈现，但是却没有发现两者之间存在显著差异，这与当前研究的发现相悖。不一致的原因可能是由于在 Marotta 等人的实验中采用了不同的刺激和实验设计。首先，Marotta 等人采用了漫画人脸刺激来提供视线线索，而当前研究采用了真实的人脸刺激。由于漫画人脸刺激和箭头刺激都由简单的线条组成，有可能漫画人脸刺激并不能有效地激活对两种刺激类型的自上而下的对比处理。其次，在 Marotta 等人的研究中，4 个可能的目标位置被分配到了两个矩形物体内部，这一操作可能影响了被测试者对目标刺激以及线索的感知。而在当前的研究中，相对于传统的线索提示范式的唯一改变就是前后测试线索类型的改变和混合。最后，在当前研究的实验 2 中我们发现视线和箭头线索引起的不同的线索效应主要表现在较长的 SOA 情况下，然而在 Marotta 等人的实验中采用的 SOA 却相对较短，因此，在这一实验中未能发现显著的不同并不令人惊讶。

综上所述，当前研究采用了将不同线索类型在 block 内部混合的实验方法，找到了对比视线线索提示和箭头线索提示的新途径。当前研究的发现和其他相关研究的发现都支持这样的假说，即视线和箭头线索所引起的注意转移具有重要的差别，视线线索能够产生比其他类型线索更强的注意转移效应。

参考文献

Birmingham, E., Bischof, W., & Kingstone, A.（2008）.Gaze selection in complex social scenes.Visual Cognition, 16, 341-355.

Birmingham, E., & Kingstone, A.（2009）.Human social attention：A new look at past, present, and future investigations.The Year in Cognitive Neuroscience 2009：Annals of the New Work Academy of Sciences 2009, 1156, 118-140.

Downing, P., Dodds, C., & Bray, D.（2004）.Why does the gaze of others direct visual attention? Visual Cognition, 11, 71-79.

Friesen, C., & Kingstone, A.（1998）.The eyes have it! Reflexive orienting is triggered by nonpredictive gaze.Psychonomic Bulletin & Review, 5, 490-495.

Friesen, C., & Kingstone, A.（2003）.Abrupt onsets and gaze direction cues trigger independent reflexive attentional effects.Cognition, 87, B1-B10.

Friesen, C., Ristic, J., & Kingstone, A.（2004）.Attentional effects of counterpredictive gaze and arrow cues.Journal of Experimental Psychology：Human Perception and Performance, 30, 319-329.

Frischen, A., Bayliss, A., & Tipper, S.（2007）.Gaze cueing of attention：Visual attention, social cognition and individual differences.Psychological Bulletin, 133, 694-724.

Frischen, A., Smilek, D., Eastwood, J., & Tipper, S.（2007）.Inhibition of return in response to gaze cue：Evaluating the roles of time course and fixation cue.Visual Cognition, 15, 881-895.

Frischen, A., & Tipper, S.（2004）.Orienting attention via observed gaze shift evokes longer term inhibitory effects：Implications for social interactions, attention, and memory.Journal of Experimental Psychology：General, 133, 516-533.

Gibson, B., & Kingstone, K.（2006）.Visual attention and the semantics of space.Psychological Science, 17, 622-627.

Hommel, B., Pratt, J., Colzato, L., & Godijn, R.（2001）.Symbolic control of visual attention.Psychological Science, 12, 360-365.

Kawai, N.（2011）.Attentional shift by eye gaze requires joint attention：Eye gaze cues are unique to shift attention.Japanese Psychological Research, 53, 292-301.

Kingstone, A., Tipper, C., Ristic, J., & Ngan, E.（2004）.The eye have it！

An fMRIinvestigation.Brain and Cognition，55，269-271.

Koval，M.J.，Thomas，B.S.，& Everling，S.（2005）.Task-dependent effects of social attention on saccadic reaction times.Experimental Brain Research，167，475-480.

Kuhn，G.，& Benson，V.（2007）.The influence of eye-gaze and arrow pointing distractorcues on voluntary eye movements.Perception & Psychophysics，69，966-971.

Langdon，R.，&Smith，P.（2005）.Spatial cueing by social versus nonsocialdirectional signals.Visual Cognition，12，1497-1527.

Marotta，A.，Lupiáñez，J.，& Casagrande，M.（2012）.Investigating hemispheric lateralization of reflexive attention to gaze and arrow cues.Brain and Cognition，80，361-366.

Marotta，A.，Lupiáñez，J.，Martella，D.，& Casagrande，M.（2012）.Eye gaze versus arrows as spatial cues：Two qualitatively different modes of attention selection.Journal of Experimental Psychology：Human Perception and Performance，38，326-335.

Nuku，P.，& Bekkering，H.（2008）.Joint attention：Inferring what others perceive（and don't perceive）.Consciousness and Cognition，17，339-349.

Qian，Q.，Shinomori，K.，& Song，M.（2012）.Sequence effectsby non-predictivearrow cues.Psychological Research，76，253-262.

Ristic，J.，Friesen，C.，& Kingstone，A.（2002）.Are eyes special? It depends on how you look at it.Psychonomic Bulletin & Review，9，507-513.

Ristic，J.，& Kingstone，A.（2005）.Taking control of reflexive social attention.Cognition，94，B55-B65.

Ristic，J.，& Kingstone，A.（2012）.A new form of human spatial attention：Automated symbolic orienting.Visual Cognition，20，244-264.

Ristic，J.，Wright，A.，& Kingstone，A.（2007）.Attentional control and reflexive orienting to gaze and arrow cues.Psychonomic Bulletin & Review，14，964-969.

Teufel，C.，Alexis，D.M.，Clayton，N.S.，& Davis，G.（2010）.Mental-state attribution drives rapid，reflexive gaze following.Attention，Perception & Psychophysics，72，695-705.

Tipples，J.（2002）.Eye gaze is not unique：Automatic orienting in response to uninformative arrows.Psychonomic Bulletin & Review，9，314-318.

Tipples，J.（2008）.Orienting to counterpredictive gaze and arrow cues.Perception & Psychophysics，70，77-87.

张智君，赵亚军，占琪涛（2011）.注视方向的知觉对注视追随行为的影响.心理学报，43，726-738.

附　录

表 3-3　实验 1 和实验 2 中各种情况下的平均错误率（ER）和标准差（SD）

实验类型	视线				箭头			
	有效		无效		有效		无效	
	ER	SD	ER	SD	ER	SD	ER	SD
实验 1								
100ms	5.3%	2.8	5.2%	3.4	4.9%	3.5	5.1%	2.6
500ms	5.5%	2.2	5.8%	3.6	5.4%	2.7	4.7%	3.4
实验 2								
100ms	6.0%	2.7	4.6%	2.2	4.2%	1.5	4.6%	2.2
500ms	5.2%	2.6	5.0%	3.4	4.5%	1.7	5.4%	4.0

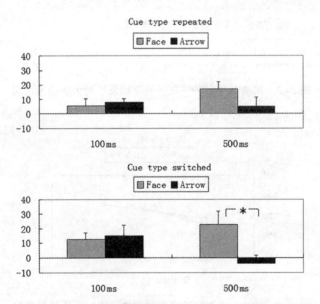

图 3-5　实验 2 中各种情况下（考虑线索类型在前后测试中改变或者重复）的平均线索效应
大小的示意图

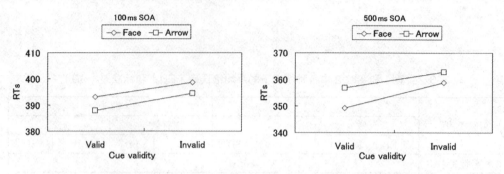

图 3-6　实验 1 中各种情况下的平均反应时大小的示意图

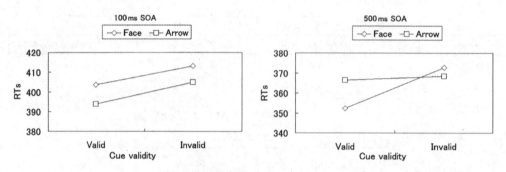

图 3-7　实验 2 中各种情况下的平均反应时大小的示意图

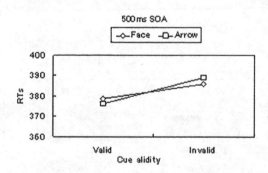

图 3-8　实验 3 中各种情况下的平均反应时大小的示意图

第四章 以非人脸物体为中心的参考系
在线索提示任务中的作用

4.1 引 言

我们的眼睛和其周围的面部区域能够传达复杂的有关我们精神状态的信息，比如情感、意图和欲望等。视线感知是引导和解释社会行为的重要工具，对他人视线方向的编码可能是心智理论（Theory of mind）的一个重要组成部分（Barson-Cohen，1995）。另外，人们倾向于自动地转移注意到其他人所关注的物体上。这一视线跟随行为在人的一生中出现的非常早（Hains 和 Muir，1996），并且对社会认知的形成发挥着非常重要的作用（Striano 和 Reid，2006）。

生理学研究表明，对视线信息的感知由特殊的神经区域来处理，那就是颞上沟（the superior temporal sulcus，STS）（Allison、Puce 和 McCarthy，2000）。颞上沟已经被证实与顶叶皮层（the parietal cortex）和顶内沟（the intraparietal sulcus，IPS）相连接，顶叶皮层与注意定向和转移功能有关（Rafal，1996），而顶内沟与空间处理和隐式注意转移功能有关（Corbetta、Miezin、Shulman 和 Petersen，1993）。

在行为研究中，从传统的空间线索提示范式（Posner，1980）发展而来的视线线索提示范式已经被广泛应用于对视线方向所引起的注意转移的认知机制的研究中（Friesen 和 Kingstone，1998；Frischen、Bayliss 和 Tipper，2007）。在这些研究的典型实验中，被测试者集中注意于屏幕中心的注视点，而一个在注视中心呈现的人脸刺激将提供一个看向左边或者右边的视线线索，在一定的呈现时间间隔（SOA）之后，一个目标刺激呈现在屏幕的左边或者右边，一旦被测试者感知到目标的出现就按下相应的响应按钮。虽然被测试者已经被告知人脸刺激的视线方向与目标刺激出现位置没有相关性，其响应时间还是会出现这样的一种趋势，那就是对目标刺激在视线线索指向位置出现时的响应要比其在视线线索指向位置相反位置出现时的响应要快。这一响应时间的加快被称为视线线索提示效应（Gaze cueing effect），并被认为反应了自动的注意定向和转移机制。

与在传统的空间线索提示研究中引起线索提示效应的周边线索（Posner 和 Cohen，1984）相类似，视线线索提示被认为是一种反射式和自动的处理过程，原因如下。首先，视线线索引起的线索提示效应在很短的的 SOA 下就能够快速的出现（Friesen 和 Kingstone，1998；Langton 和 Bruce，1999）。其次，即使被测试者明确地知道目标更有可能出现在线索指向的相反方向时，在较短的 SOA 下视线线索提示效应仍然显著（Driver、Davis、Ricciardelli、Kidd、Maxwell 和 Baron-Cohen，1999；Friesen、Ristic 和 Kingstone，2004）。这意味着视线线索引起的注意转移是强制性的，不能够被抑制。最后，视线线索提示效应在较长的 SOA 时逐渐消失，并在更长的 SOA 下产生抑制效应，即目标出现在视线指示方位的响应时间反而比相反情况下慢（Frischen 和 Tipper，2004；Frischen、Smilek、Eastwood 和 Tipper，2007）。

自动的注意转移能够被在注视中心呈现的不提供有效信息的视线线索所触发，这一事实使得一些研究者认为眼睛和视线由于其在生物学上所具有的显著性和重要性，是一种特殊的注意线索（Friesen 和 Kingstone，1998、2003；Langton 和 Bruce，1999）。另外，虽然在注视中心呈现的不提供有效信息的箭头线索同样能够引起注意的转移，但是当目标更有可能出现在箭头指示的相反方向时，这一转移过程受到自上而下主观意识控制的抑制作用（Friesen、Ristic 和 Kingstone，2004）。

此外，提供视线线索的人脸刺激的改变也能够影响视线线索提示效应。Langton 和 Bruce（1999）发现与视线方向类似，头部朝向同样能够引起显著的线索提示效应。他们还发现倒置的人脸能够破坏视线线索提示效应的产生。虽然视线线索提示似乎与人脸身份处理没有直接的联系（Frischen 和 Tipper，2004），但是确实能够对人脸感知任务产生影响，比如影响对提供视线线索的人脸的社会评价和记忆（Bayliss 和 Tipper，2006）。另外，人脸的动态属性，比如表情同样能够对视线线索提示产生影响。Mathews、Fox、Yiend 和 Calder（2003）发现用于提供视线线索的具有恐惧表情的人脸产生了比具有中立表情的人脸更大的线索提示效应，但是这一发现只在被测试者具有较高焦虑水平时为真。通过采用动态的人脸表情刺激，Tipples（2006）在普通人群被测试者中发现了相同的视线线索提示结果。

对人脸刺激空间方位的改变同样能够影响视线线索提示效应的产生方式。已有的针对人脸感知的研究已经证实人脸刺激本身提供了一个以人脸为中心的参考系（Hommel 和 Lippa，1995；Proctor 和 Pick，1999）。例如，以人脸刺激为参考系的左侧被识别为左侧，而与该方位在其他坐标系（如屏幕）中的位置无关。也就是说，一个倒置的人脸的左脸颊位置被识别为左侧，然而这一位置实际上位于观察者的右边。这一现象可能就解释了为什么在某些研究（如 Kingstone、Friesen 和 Gazzaniga，2000；Langton 和 Bruce，1999）中倒置的人脸不能产生线索提示效应，那是因为基于人脸坐标系的线索提示效应和基于观察者坐标系的线索提示效应相互抵消了。为了研究人脸坐标系对视线线索所引起的线索提示效应的影响，Bayliss、Pellegrino 和 Tipper（2004）在线索提示范式中使用了顺时针或者逆时针旋转 90° 的人脸刺激［如图 4-1（B）所示］。也就是说，人脸刺激的视线实际上看向屏幕的上或者下，但是目标刺激的出现位置仍然是在屏幕的左或者右。因此，人脸刺激的视线方向和目标刺激的出现位置没有直接的相关关系，但是该研究确实发现了和未经旋转的人脸刺激情况相类似的显著的视线线索提示效应。例如，当人脸刺激顺时针旋转 90° 并且视线方向看向上方时，被测试者的反应时在目标刺激出现在左边时比出现在右边时要快。Bayliss 和 Tipper（2006）对这一问题进行了进一步的研究，旋转 90° 后的人脸刺激能够同时引起以人脸为参考系的视线线索提示效应（左或者右）和以观察者为参考系的视线线索提示效应（上或者下）。

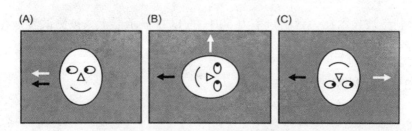

图 4-1 视线线索提示任务中的参考系

说明：白色箭头表示以屏幕为中心的参考系下的视线指示方向，黑色箭头表示以人脸为中心的参考系下的视线指示方向。（A）普通人脸刺激。（B）顺时针旋转 90° 后的人脸刺激。（C）倒置的人脸刺激。本图出自 Frischen、Bayliss 和 Tipper（2007）。

综上所述，视线线索提示是社会认知的一个重要和显著的现象，能够被很多具有社会属性的信号所影响。对于视线所引起的注意转移的研究丰富了我们对于人类行为的了解。但值得注意的是，线索刺激旋转对线索提示任务的影响仅仅在针对视线线索的研究中被报道。就我们所知，非人脸刺激的旋转对线索提示效应的影响还没有被报道过。非人脸刺激，如旋转的交通标志牌，仍然具有自身的参考系。之前的研究已经证明，视线线索能够在自身的参考系和观察者的参考系之间建立联系，引起相应的跨参考系的线索提示效应，但我们仍然不清楚这一现象是否在非视线线索情况下仍然存在。当前研究的目的就是回答这一研究问题。在当前研究中采用了具有自身参考系的交通标志图片，如果非人脸刺激自身的参考系能够产生与人脸刺激类似的线索提示效应，那么我们就应该能够发现类似的跨参考系的线索提示效应，而如果人脸刺激旋转所引起的参考系对线索提示效应的影响源于人脸刺激本身的生物显著性和特殊性，那么非人脸刺激的旋转就不能在参考系之间引起线索提示效应。

4.2　实　验

4.2.1　被测试者

20 名大学生参加了本次实验（平均年龄为 24.95 岁，年龄区间为 23~27 岁，其中 10 人为女性）。所有的被测试者都具有正常或者已矫正的视力，并且对实验的目的完全不知情。

4.2.2　实验装置

实验刺激被显示在一台刷新率为 60Hz 的 LCD 显示器上。被测试者坐在离屏幕中心大约 57 厘米的位置上。

4.2.3　实验刺激

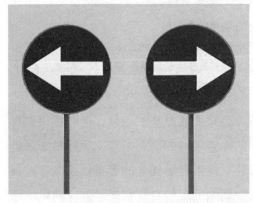 

图 4-2　实验中所使用的正常显示方式的　　　图 4-3　实验中所使用的顺时针旋转 90°
线索刺激图片示例　　　　　　　　　　　　显示方式的线索刺激图片示例

说明：线索刺激中的箭头指向左或者右。　　　说明：线索刺激中的箭头以线索刺激自身
　　　　　　　　　　　　　　　　　　　　　的参考系来说指向左。

　　一个所占视角为 1.3° 的十字被显示在屏幕的中心作为中心注视点，并且在实验过程中一直被显示。如图 4-2 和 4-3 所示，线索刺激是指向左或者右的箭头形状

交通标志牌，标志牌下方的杆指示了以标志牌为中心的参考系的下方向。线索刺激有三种显示方式：正常、顺时针旋转 90° 和逆时针旋转 90° 。目标刺激是宽 1° 、高 1° 视角的星号，并被显示在离中心注视点 14° 视角远的屏幕的左边或者右边。

4.2.4 实验设计

线索刺激和目标刺激的显示时间间隔 SOA 为 300ms 和 600ms。在每次试验中，线索显示方式、箭头方向、目标位置以及 SOA 都采取随机选择的方式。实验分成 6 个 block，每个 block 包括 80 次测试，每个 block 后被测试者可以进行短时间的休息。每个 block 中有 20 次测试为错误捕捉测试，即目标刺激不被显示的测试。要求被测试者在目标刺激不显示的情况下不做应答。包括 20 次用于练习的测试，每位被测试者总共需要完成 500 次测试。

4.2.5 实验流程

在每次测试中，被测试者集中注意于屏幕中心。图 10–2 显示了在一次测试中出现的事件顺序。首先，中心注视点显示在屏幕中心并保持 1000ms，然后线索刺激显示。在 300ms 或者 600ms SOA 时间间隔之后，目标字母 "X" 呈现在屏幕左边或者右边直到被测试者按下应答按钮或者呈现时间超过 1500ms。被测试者的任务是对目标刺激的出现做出正确、快速的反应，并按下应答按钮。被测试者已被告知中心线索刺激中的箭头方向和其显示方式并不能预测目标刺激出现的具体位置，线索指示方位、目标出现的位置都是随机选择的。

4.2.6 实验结果

被测试者错过了约 0.5% 的目标刺激并在约 1.6% 的错误捕捉测试中按下了应答按钮。低于 100ms 或者高于 1000ms 的响应时间被作为错误数据不进行分析。此外，在各种实验情况下，超过被测试者平均反应时两倍标准差的反应时也被移除。最终约 5.5% 的测试结果被移除。测试结果的错误率不存在有规律的变化趋势，说明实验中不存在反应速度与准确率之间的折中现象。表 4–1 显示了不同情况下被测试者的平均错误率。

表 4-1　实验中各种情况下的平均错误率（ER）和标准差（SD）

显示方式	300ms SOA				600ms SOA			
	有效		无效		有效		无效	
	ER	SD	ER	SD	ER	SD	ER	SD
正常	6.8%	3.8	5.9%	2.6	5.4%	3.1	5.5%	2.2
顺时针旋转 90°	5.7%	3.4	6.3%	4.0	5.3%	2.8	5.5%	3.1
逆时针旋转 90°	6.2%	3.1	5.5%	3.1	5.8%	2.4	5.3%	3.0

表 4-2　实验中各种情况下的平均反应时（RT）和标准差（SD）

显示方式	300ms SOA				600ms SOA			
	有效		无效		有效		无效	
	RT	SD	RT	SD	RT	SD	RT	SD
正常	368.8	59.7	384.5	63.5	359.3	64.2	372.2	61.5
顺时针旋转 90°	383.1	59.7	379.6	59.3	372.1	59.8	364.7	63.2
逆时针旋转 90°	377.6	60.7	375.5	56.0	373.1	67.2	373.0	68.9

　　表 4-2 显示了不同情况下被测试者的平均反应时。3（线索显示方式）×2（SOA）×2（线索有效性）的重复测量方差分析（ANOVA）显示，SOA 的主效应显著，$F_{(1, 19)}=6.556$，$P<.019$，表明当 SOA 变长时响应时间变短。线索显示方式和线索有效性的交互作用显著，$F_{(2, 38)}=12.686$，$P<.001$，说明不同线索显示方式下产生了不同的线索提示效应。没有其他因素或者交互作用达到显著。为了进一步对线索显示方式和线索有效性之间的交互作用进行说明，针对不同线索显示方式分别进行了 2（SOA）×2（线索有效性）的重复测量方差分析（ANOVA）。对于正常显示方式来说，SOA 和线索有效性的主效应都达到了显著，结果分别为 $F_{(1, 19)}=6.849$，$P<.017$ 和 $F_{(1, 19)}=17.234$，$P<.001$。没有其他因素或者交互作用达到显著。对于顺时针旋转 90° 的显示方式来说，SOA 的主效应显著，$F_{(1, 19)}=7.638$，$P<.012$。没有其他因素或者交互作用达到显著。对于逆时针旋转 90° 的显示方式来说，没有任何因素或者交互作用达到显著。因此，分析结果表明只有在正常显示方式下线索才引起线索提示效应，而在顺时针或者逆时针旋转 90° 的显示方式下没有显著的线索提示效应产生。图 4-4、4-5、4-6 显示了不同情况下被测试者的平均反应时变化趋势。

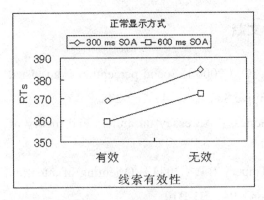

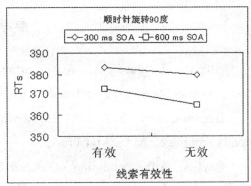

图 4-4　实验中线索刺激为正常显示方式时各种条件下平均反应时的变化趋势　　图 4-5　实验中线索刺激为顺时针旋转 90° 显示方式时各种条件下平均反应时的变化趋势

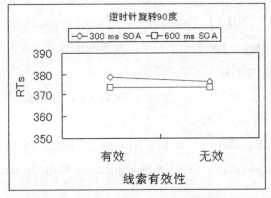

图 4-6　实验中线索刺激为逆时针旋转 90° 显示方式时各种条件下平均反应时的变化趋势

4.3　讨　论

　　为了检测非人脸刺激的旋转对视线线索提示效应的影响，本研究进行了相应的实验。研究结果表明，非人脸刺激不能引起跨参考系的线索提示效应，这一结果与前人的关于人脸刺激的研究结果不同。人脸刺激是具有生物学重要性的特殊的刺激，前人的很多研究已经证明了人脸和视线感知以及人脸与视觉注意系统之间的特殊处理过程和现象。例如，我们对于视线方向的感知受到人脸朝向的显著影响，而视线引起的注意转移过程受到人脸表情的显著影响。因此，在当前研究中非人脸刺激未能引起与人脸刺激类似的注意转移现象并未出乎我们的意料。当前研究通过改变非人脸刺激的显示方位来测量刺激自身的参考系和空间参考系之间的联系，结果未发现与人脸刺激类似的注意转移现象，这一发现进一步证实了人脸感知在视线引起的注意转移中的重要作用及其特殊性。

参考文献

Allison, T., Puce, A., & McCarthy, G.（2000）.Social perception from visual cues: Role of the STS region.Trends in Cognitive Sciences, 4, 267-278.

Barson-Cohen, S.（1995）.Mindblindness: An essay on autism and theory of mind.Cambridge, MA: MIT Press.

Bayliss, A.P., Pellegrino, G.di, & Tipper, S.P.（2004）.Orienting of attention viaobserved eye gaze is head-centred.Cognition, 94, B1-B10.

Bayliss, A.P., & Tipper, S.P.（2006）.Predictive gaze cue and personality judgments: Should eye trust you？ Psychological Science, 17, 514-520.

Becker, M.W.（2010）.The effectiveness of a gaze cue depends on the facial expression of emotion: Evidence from simultaneous competing cues.Attention, Perception, & Psychophysics, 72, 1814-1824.

Bertelson, P.（1967）.The time course of preparation.Quarterly Journal of Experimental Psychology, 19, 272-279.

Bindemann, M., Burton, A.M., Hooge, I.T.C., Jenkins, R., & de Haan, E.H.F.（2005）.Faces retain attention.Psychonomic Bulletin and Review, 12（6）, 1048-1053.

Corbetta, M., Miezin, F.M., Shulman, G.L., & Petersen, S.E.（1993）.A PET study ofvisuospatial attention.Journal of Neuroscience, 13, 1202-1226.

Driver, J., Davis, G., Ricciardelli, P., Kidd, P., Maxwell, E., & Baron-Cohen, S.（1999）.Gaze perception triggers reflexive visuospatial orienting.Visual Cognition, 6, 509-540.

Friesen, C.K., & Kingstone, A.（1998）.The eye have it! Reflexive orienting is triggeredby nonpredictive gaze.Psychonomic Bulletin & Review, 5, 490-495.

Friesen, C.K., & Kingstone, A.（2003）.Abrupt onsets and gaze direction cues triggerin dependent reflexive attentional effects.Cognition, 87, B1-B10.

Friesen, C.K., Ristic, J., & Kingstone, A.（2004）.Attentional effects of counter predictivegaze and arrow cues.Journal of Experimental Psychology: Human Perception and Performance, 30, 319-329.

Frischen, A., Bayliss, A.P., & Tipper, S.P.（2007）.Gaze cueing of attention:

Visualattention, social cognition, and individual differences.Psychological Bulletin, 133, 694-724.

Frischen, A., Smilek, D., Eastwood, J.D., & Tipper, S.P.（2007）.Inhibition of return inresponse to gaze cue: Evaluating the roles of time course and fixation cue. Visual Cognition, 15, 881-895.

Frischen, A., & Tipper, S.P.（2004）.Orienting attention via observed gaze shift evokeslonger term inhibitory effects: Implications for social interactions, attention, and memory. Journal of Experimental Psychology: General, 133, 516-533.

Hains, S.M.J., & Muir, D.W.（1996）.Infant sensitivity to adult eye direction. Child Development, 67, 1940-1951.

Hietanen, J.K., & Leppänen, J.M.（2003）.Does facial expression affect attentionorienting by gaze direction cues？ Journal of Experimental Psychology: Human Perception and Performance, 29, 1228-1243.

Hommel, B., & Lippa, Y.（1995）.S-R compatibility effects due to context-dependent spatial stimulus coding.Psychonomic Bulletin &Review, 2, 370-374.

Itier, R.J., Villate, C., & Ryan, J.D.（2007）.Eyes always attract attention but gazeorienting is task-dependent: Evidence from eye movement monitoring. Neuropsychologia, 45, 1019-1028.

Kingstone, A., Friesen, C.K., & Gazzaniga, M.S.（2000）.Reflexive joint attentiondepends on lateralized cortical connections.Psychological Science, 11, 159-166.

Langton, S.R.H., & Bruce, V.（1999）.Reflexive visual orienting in response to the socialattention of others.Visual Cognition, 6, 541-567.

Mack, A., Pappas, Z., Silverman, M., & Gay, R.（2002）.What we see: Inattention and thecapture of attention by meaning.Consciousness & Cognition, 11, 488-506.

Mansfield, E.M., Farroni, T., & Johnson, M.H.（2003）.Does gaze perception facilitateovert orienting？ Visual Cognition, 10, 7-14.

Mathews, A., Fox, E., Yiend, J., & Calder, A.（2003）.The face of fear: Effects of eye gazeand emotion on visual attention.Visual Cognition, 10, 823-835.

Okada, T., Sato, W., & Toichi, M.（2006）.Right hemispheric dominance in gaze-triggeredreflexive shift of attention in humans.Brain and Cognition, 62, 128-133.

Posner, M.I.（1980）.Orienting of attention.Quarterly Journal of Experimental

Psychology, 32, 3-25.

Posner, M.I., & Cohen, Y.A. (1984) .Components of visual orienting.In H.Bouma &D.G.Bouwhuis (Eds.) , Attention and performance xvii: Control of visual processing. Hillsdale, NJ: Erlbaum, 531-556.

Proctor, R.W., & Pick, D.F. (1999) .Deconstructing Marilyn: Robust effects for face contexts on stimulus-response compatibility.Memory & Cognition, 27, 986-995.

Rafal, R. (1996) .Visual attention: Converging operations from neurology and psychology.In A.F.Kramer, M.G.Coles, & G.D.Logan (Eds.) , Converging operations in thestudy of visual selective attention. Washington, DC: AmericanPsychological Association, 139-192.

Ro, T., Russell, C., & Lavie, N. (2001) .Changing faces: A detection advantage in theicker paradigm.Psychological Science, 12, 94-99.

Striano, T., & Reid, V.M. (2006) .Social cognition in the first year.Trends in Cognitive Sciences, 10, 471-476.

Tipples, J. (2005) .Orienting to eye gaze and face processing.Journal of Experimental Psychology: Human Perception and Performance, 31, 843-856.

Tipples, J. (2006) .Fear and fearfulness potentiate automatic orienting to eye gaze. Cognition & Emotion, 20, 309-320.

附　录

表 4-3　实验中各种情况下的平均反应时（RT）、平均错误率（ER）和相应的标准差（SD）

SOA	RTs				ERs			
	有效		无效		有效		无效	
	RT	SD	RT	SD	ER	SD	ER	SD
300ms	377.5	58.9	379.3	58.6	5.7%	2.6	5.7%	2.9
600ms	367.6	63.3	370.1	64.1	5.3%	1.5	5.2%	1.8

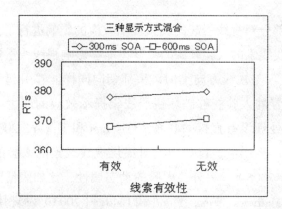

图 4-7　实验中线索刺激为三种显示方式混合时各种条件下平均反应时的变化趋势

第五章 人脸上下文对线索提示效应的影响

5.1 引 言

第四章的引言部分对视线引起的线索提示效应的影响进行了介绍。正如文中所说得那样,提供视线线索的人脸刺激的改变也能够影响视线线索提示效应。Langton和Bruce(1999)发现与视线方向类似,头部朝向同样能够引起显著的线索提示效应。他们还发现倒置的人脸能够破坏视线线索提示效应的产生。虽然视线线索提示似乎与人脸身份处理没有直接的联系(Frischen和Tipper,2004),但是确实能够对人脸感知任务产生影响,比如影响对提供视线线索的人脸的社会评价和记忆(Bayliss和Tipper,2006)。另外,人脸的动态属性,比如表情同样能够对视线线索提示产生影响。Mathews、Fox、Yiend和Calder(2003)发现用于提供视线线索的具有恐惧表情的人脸产生了比具有中立表情的人脸更大的线索提示效应,但是这一发现只在被测试者具有较高焦虑水平时为真。通过采用动态的人脸表情刺激,Tipples(2006)在普通人群被测试者中发现了相同的视线线索提示结果。

虽然很多研究者都试图揭示人脸刺激在视线引起的注意转移中的影响和作用,但是现有研究仍然存在一些不足之处。表5-1总结了针对视线引起的注意转移现象,相关研究中所采用的不同刺激类型的研究现状。首先,虽然一些研究表明人脸上下文信息(如人脸的表情等信息)能够对视线引起的注意转移产生显著影响(Tipples,2006),但也有研究表明视线引起的注意转移并不依赖于人脸上下文的存在,即使只显示眼睛区域也足以产生注意转移效应(Kingstone、Friesen和Gazzaniga,2000)。因此,视线引起的注意转移在多大程度上依赖于人脸上下文的存在还有待研究。其次,人脸刺激的倒置被认为能够破坏我们对于人脸的结构信息的感知,但是人脸的倒置对视线引起的注意转移的影响还存在争议(如表5-1中第二行第二列所示)。具体来说,一些研究发现人脸刺激的倒置能够阻碍注意转移效应的产生(Kingstone、Friesen和Gazzaniga,2000;Langton和Bruce,1999;Hori、

Tazumi、Umeno、Kamachi、Kobayashi、Ono 和 Nishijo，2005），而另一些研究却没有发现人脸刺激倒置的影响（Tipples，2005；Graham、Friesen、Fichtenholtz 和 LaBar，2010；Bayless、Glover、Taylor 和 Itier，2011）。再次，如表 5-1 中第三行第二列所示，在实验中采用倒置的眼睛区域作为实验刺激的唯一研究来自 Bayless、Glover、Taylor 和 Itier（2011）。然而，在 Bayless、Glover、Taylor 和 Itier 的研究中存在实验任务设计上的问题，即采用了定位（Localization）任务。定位任务指的是被测试者根据目标刺激出现的位置来决定应该按下两个与位置关联的按钮中的哪一个，通常当目标刺激出现在屏幕左边时用左手按下左边的按钮，而当目标刺激出现在屏幕右边时用右手按下右边的按钮。这一实验任务已经被证实引入了一种刺激—响应映射效应（Stimulus-response mapping effect），即线索指示方向和应答行动的自动配对处理，这一效应会导致被测试者反应时的加快（Ansorge，2003）。因此，我们并不能把 Bayless、Glover、Taylor 和 Itier 的实验中被测试者的反应时变化完全归因于视线引起的注意转移效应。最后，虽然一些研究表明人脸的表情信息能够对视线引起的注意转移产生影响，但这一影响源于眼睛局部表情信息还是人脸整体表情信息并不明确（如表 5-1 中所示，并未有研究采用倒置的带表情的人脸刺激或者仅具有眼睛区域的带表情的刺激作为实验刺激）。例如，Tipples（2006）报道了具有恐惧表情的人脸所提供的视线能够引起比普通人脸更强的线索提示效应，并把这一结果归因于人脸刺激所提供的表情信息的差别。但是从 Tipples 的研究所采用的人脸刺激图片（读者可自行参看该文中的第一张图）来看，恐惧表情的人脸刺激明显具有比其他表情（如高兴）的人脸刺激更大的眼睛开闭度。较大的眼睛张开程度能够增加眼睛外部结构的对比度，使得视线信息更加显著和易于获取。因此，Tipples 的发现不能完全归因于表情信息的差别，而可能部分或者很大程度上源于恐惧表情相对于其他表情刺激眼睛区域对比度的提高。综上所述，为了揭示人脸上下文信息在视线引起的注意转移中的作用和影响，我们还需要进行更加系统和深入的研究和探索。

表 5-1　人脸上下文和眼睛区域在视线引起的注意转移相关研究中所采用的刺激组合类型的研究现状

眼睛区域 人脸上下文	正面	倒置
正面（带或不带表演）	√	×
倒置	×	○
无	√	○

说明："√"表示已经有相关研究采用该刺激类型并且结论明确，×表示还没有相关研究采用该刺激类型，"○"表示虽然有研究采用了该刺激类型，但现有研究方法存在不足或者研究结果存在争议。

视线感知已经被证实能够自动地转移我们的注意焦点到视线所指示的方向，并且人脸上下文信息也对视线所引起的注意转移具有重要的影响。针对人脸上下文信息的影响，当前研究计划进行如下两个方面的研究。第一，人脸上下文的存在与否对视线引起的注意转移的影响。人脸上下文信息（如表情等）已经被证实能够影响视线引起的注意转移的强弱，但是也有研究表明仅显示提供视线信息的眼睛区域就足以产生注意转移效应。因此，视线引起的注意转移在多大程度上依赖于人脸上下文的存在还有待研究。第二，人脸刺激的倒置对视线引起的注意转移的影响。人脸刺激的倒置被认为能够破坏我们对于人脸结构信息的感知，并且也会在一定程度上影响我们对于视线方向的感知。然而，在采用倒置的人脸刺激进行研究时，有些研究发现人脸的倒置能够阻碍视线引起的注意转移效应的产生，而另一些研究却没有发现人脸刺激倒置的影响。因此，有必要针对人脸刺激倒置的影响进行系统的测量。总之，我们将测量各种情况下注意转移效应的变化，通过对比各种实验配置下注意转移效应的强弱来揭示人脸上下文信息和视线信息在注意转移阶段的交互机制。关于视线所引起的注意转移的研究将有助于我们了解视线感知和视觉注意交互作用中人脸上下文信息整体与局部、整体空间配置和低层局部特征之间的关系及其影响。

实验中所使用的线索刺激共包含四种：眼睛区域、倒置的眼睛区域、正脸和倒置的正脸。这一研究能够揭示人脸上下文环境信息整体与局部、整体空间配置和低层局部特征之间的关系及其对注意资源分配的影响。所采用的研究方法具有以下优越性。首先，与前人研究中多采用不同实验之间的数据进行比较可知，在相同实验条件下进行多种刺激组合类型的测试，以避免不同被测试者、不同实验环境以及相同被测试者的不同主观意识状态对实验结果的影响，提高数据的精确度。其次，采用检测（Detection，即被测试者检测到目标刺激的出现就按下特定的按钮）和辨别（Discrimination，即被测试者根据目标刺激的身份来决定应该按下两个与身份相关的按钮中的哪一个）作为实验任务，避免如前文所述的定位（Localization）任务所带来的刺激—响应映射效应（Stimulus-response mapping effect）。只有在检测或者辨别实验任务下，实验数据才能真实地反映注意资源分配的变化。

5.2 实 验

5.2.1 被测试者

20 名大学生参加了本次实验（平均年龄为 24.95 岁，年龄区间为 23 ~ 27 岁，其中 10 人为女性）。所有的被测试者都具有正常或者已矫正的视力，并且对于实验的目的完全不知情。

5.2.2　实验装置

实验刺激被显示在一台刷新率为 60 赫兹的 LCD 显示器上。被测试者坐在离屏幕中心大约 57 厘米的位置上。

5.2.3　实验刺激

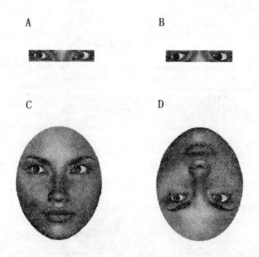

A：仅眼睛区域。B：倒置的眼睛区域。C：正脸。D：倒置的正脸。

图 5-1　实验中所使用的四种视线线索刺激的示意图

一个所占视角为 0.5° 的十字被显示在屏幕的中心作为中心注视点。目标刺激是宽 0.7° 、高 1° 视角的黑色大写字母"X"，并被显示在离中心注视点 15° 视角远的屏幕的左边或者右边。如图 5-1 所示，四种类型的灰度图片作为线索显示在屏幕中心，它们是眼睛区域图片、倒置的眼睛区域图片正脸图片和倒置的正脸图片。眼睛区域图片的大小为 2° 视角高和 11° 视角宽，而脸部图片的大小为 18° 视角高和 14° 视角宽。显示在屏幕上时，线索刺激眼睛区域的中间位置总是和中心注视点保持重合。女性三维脸的模特由三维人物模型制作软件 Poser 7.0 生成，由此保证了不同刺激图片中不存在低层特征的不同，如光线、阴影和边界等。眼睛区域刺激从正脸图片剪切而来，该正脸图片的视线看向左侧或者右侧 15° 的方向。

5.2.4　实验设计

线索刺激和目标刺激的显示时间间隔 SOA 为 100ms、300ms 和 700ms。在每次试验中，线索类型、目标位置以及 SOA 都采取随机选择的方式。实验分成 9 个 block，每个 block 包括 90 次测试，每个 block 后被测试者可以进行短时间的休息。每个 block 中有 18 次测试为错误捕捉测试，即目标刺激不被显示的测试。要求被测试者在目标刺激不显示的情况下不做应答。而且还包括 20 次用于练习的测试，每位被测试者总共需要完成 830 次测试。

5.2.5　实验流程

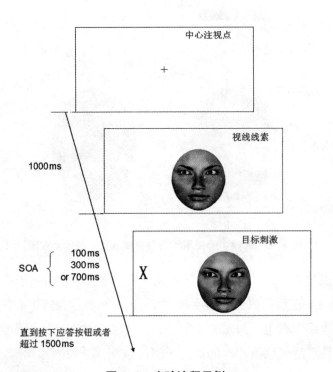

图 5-2　实验流程示例

说明：中心线索为看向左边的正脸刺激。

在每次测试中，被测试者集中注意于屏幕中心。图 5-2 显示了在一次测试中出现的事件顺序。首先，中心注视点显示在屏幕中心并保持 1000ms，然后线索刺激显示。在 100ms、300ms 或 700ms SOA 时间间隔之后，目标字母"X"呈现在屏幕左边或者右边直到被测试者按下应答按钮或者呈现时间超过 1500ms。被测试者的任务是对目标刺激的出现做出正确、快速的反应，按下应答按钮。被测试者已被告知中心线索刺激中的视线方向和其类型并不能预测目标刺激出现的具体位置，线索类型和指示方位、目标出现的位置都是随机选择的。

5.2.6 实验结果

表 5-2　实验中各种情况下的平均反应时（RT）、平均错误率（ER）和标准差（SD）

SOA	RTs				ERs			
	有效		无效		有效		无效	
	RT	SD	RT	SD	ER	SD	ER	SD
仅眼睛区域								
100ms	393.3	45.9	390.3	46.2	7.2%	2.8	6.3%	2.7
300ms	372.2	38.9	378.3	42.0	5.4%	2.2	6.5%	3.0
700ms	371.7	54.3	375.2	47.7	5.5%	2.7	5.0%	2.1
正脸								
100ms	376.3	37.8	377.3	43.7	6.1%	2.5	5.8%	2.3
300ms	362.7	38.8	364.6	46.0	6.5%	4.2	5.7%	2.7
700ms	359.2	44.3	364.0	48.2	4.8%	2.5	4.6%	1.8
倒置的眼睛区域								
100ms	392.3	44.8	388.9	40.8	5.1%	2.7	6.6%	3.7
300ms	373.2	42.6	379.1	45.9	5.1%	2.6	4.6%	2.2
700ms	373.7	48.4	370.4	46.4	4.6%	2.5	4.6%	1.8
倒置的正脸								
100ms	376.6	50.1	378.8	46.1	5.3%	2.5	5.2%	2.5
300ms	368.4	48.5	369.6	40.5	5.8%	2.8	5.9%	2.5
700ms	372.6	59.3	368.5	46.8	5.5%	2.4	5.9%	2.3

被测试者错过了约 0.177% 的目标刺激并在约 1.82% 的错误捕捉测试中按下了应答按钮。低于 100ms 或者高于 1000ms 的响应时间被作为错误数据不进行分析。此外，在各种实验情况下，超过被测试者平均反应时两倍标准差的反应时也被移除，最终导致约 5.6% 的测试结果被移除。表 5-2 显示了不同情况下被测试者的平均错误率。

表 5-2 亦显示了不同情况下被测试者的平均反应时。4（线索类型）×3（SOA）×2（线索有效性）的重复测量方差分析（ANOVA）被用于分析反应时数据。线索类型的主效应显著，$F_{(3, 57)}=17.542$，$P<.001$，说明不同的线索类型下的反应时不同。SOA 的主效应显著，$F_{(2, 38)}=10.368$，$P<.001$，表明 SOA 变长时反应时变短。然而，线索有效性的主效应未达到显著，$F_{(1, 19)}=1.363$，$P=.258$，说明未产生线索提示效应。其他显著或者接近显著的交互有：线索类型和 SOA 的交互作

用，F（6，114）=2.044，P=0.065。没有其他因素或者交互达到显著。图5-3显示了不同情况下被测试者的平均反应时变化趋势。

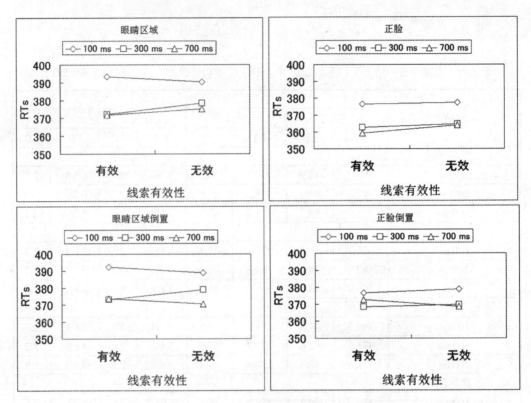

图5-3　实验中各种情况下（线索类型、线索有效性、SOA长短）的平均反应时变化趋势图

3（SOA）×2（线索有效性）的重复测量方差分析（ANOVA）被用于分析各种线索类型下的反应时数据。对于仅眼睛区域线索类型来说，SOA的主效应显著，F（2，38）=10.505，P<.001，表明SOA变长时反应时变短。没有其他因素或者交互达到显著。对于倒置的眼睛区域线索类型来说，SOA的主效应显著，F（2，38）=12.464，P<.001，表明SOA变长时反应时变短。没有其他因素或者交互达到显著。对于正脸线索类型来说，SOA的主效应显著，F（2，38）=7.742，P<.002，表明SOA变长时反应时变短。没有其他因素或者交互达到显著。对于倒置的正脸线索类型来说，没有因素或者交互达到显著（Ps>0.139）。

为了分析人脸上下文倒置的影响，2（线索类型：倒置与否）×3（SOA）×2（线索有效性）的重复测量方差分析（ANOVA）被用于分析两种情况下（眼睛区域和正脸）的反应时数据。对于仅眼睛区域线索类型来说，SOA的主效应显著，F（2，38）=14.515，P<.001，表明SOA变长时反应时变短。SOA和线索有效性的交

互作用达到了最低限度的显著，$F_{(2, 38)}$=2.612，P=.087。没有其他因素或者交互达到显著。对于正脸线索类型来说，线索类型的主效应达到了最低限度的显著，$F_{(1, 19)}$=4.238，P=.054，说明线索的倒置减慢了反应时。SOA 的主效应显著，$F_{(2, 38)}$=5.510，P<.008，表明 SOA 变长时反应时变短。没有其他因素或者交互达到显著。

5.3　讨　论

为了检测人脸上下文对视线线索提示效应的影响，本研究进行了相应的实验。实验中共包含四种视线线索类型：眼睛区域、倒置的眼睛区域、正脸和倒置的正脸。研究结果表明，眼睛区域、倒置的眼睛区域、正脸和倒置的正脸线索引起的线索提示效应没有显著区别。当然，考虑到总体线索提示效应不显著，当前结果很可能源于不合适的实验配置。确实，当前研究在实验中采用了线索混合显示的方式，这一设置虽然能够避免不同被测试者、不同实验环境以及相同被测试者的不同主观意识状态对实验结果的影响，但是其所带来的线索刺激的不确定性却很可能影响了被测试者对于线索刺激的感知，最终导致线索刺激不能引起注意转移。并且，当前研究所检测的是自动的注意转移处理，各种线索刺激对目标位置没有预测作用，这就使得线索刺激的变换所带来的影响加大。另外一个可能的原因是在当前实验中包含了三种 SOA：100ms、300ms、700ms。前人的研究已经发现在 SOA 较短或者较长情况下的线索提示效应都比较弱，这也可能导致了当前实验中线索提示效应的不显著。对人脸上下文在线索提示中的影响的研究还需要进行更多的控制实验才能够得出结论。

参考文献

Ansorge, U. (2003). Spatial simon effects and compatibility effects induced by observed gaze direction. Visual cognition, 10, 363-383.

Bayless, S.J., Glover, M., Taylor, M.J., & Itier, R.J. (2011). Is it in the eyes？ Dissociating the role of emotion and perceptual features of emotionally expressive faces in modulating orienting to eye gaze. Visual Cognition, 19, 483-510.

Bayliss, A.P., & Tipper, S.P. (2006). Predictive gaze cue and personality judgments：Should eye trust you？ Psychological Science, 17, 514-520.

Graham, R., Friesen, C.K., Fichtenholtz, H.M., & LaBar, K.S. (2010). Modulation of reflexive orienting to gaze direction by facial expressions. Visual Cognition, 2010, 18, 331-368.

Frischen, A., & Tipper, S.P. (2004). Orienting attention via observed gaze shift evokeslonger term inhibitory effects：Implications for social interactions, attention, andmemory. Journal of Experimental Psychology：General, 133, 516-533.

Kingstone, A., Friesen, C.K., & Gazzaniga, M.S. (2000). Reflexive joint attention depends on lateralized cortical connections. Psychological Science, 11, 159-166.

Hori, E., Tazumi, T., Umeno, K., Kamachi, M., Kobayashi, T., Ono, T., & Nishijo, H. (2005). Effects of facial expression on shared attention mechanisms. Physiology & Behavior, 84, 397-405.

Kingstone, A., Friesen, C., & Gazzaniga, M. (2000). Reflexive joint attention depends onlateralized cortical connections. Psychological Science, 11, 159-166.

Langton, S.R.H., & Bruce, V. (1999). Reflexive visual orienting in response to the social attention of others. Visual Cognition, 6, 541-567.

Mathews, A., Fox, E., Yiend, J., & Calder, A. (2003). The face of fear：Effects of eye gazeand emotion on visual attention. Visual Cognition, 10, 823-835.

Tipples, J. (2005). Orienting to eye gaze and face processing. Journal of Experimental Psychology：Human Perception and Performance, 31, 843-856.

Tipples, J. (2006). Fear and fearfulness potentiate automatic orienting to eye gaze. Cognition & Emotion, 20, 309-320.

附　录

表 5-3　实验中线索类型合并后各种情况下的平均反应时（RT）、平均错误率（ER）和标准差（SD）

SOA	RTs				ERs			
	有效		无效		有效		无效	
	RT	SD	RT	SD	ER	SD	ER	SD
100ms	384.5	43.1	384.6	48.5	5.5%	1.6	5.3%	1.4
300ms	369.4	41.3	373.2	42.2	5.3%	2.1	5.5%	1.5
800ms	369.1	48.4	369.7	46.8	4.6%	1.4	4.8%	1.1

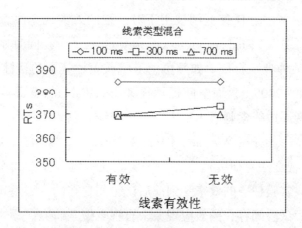

图 5-4　实验中线索类型混合情况下（线索有效性、SOA 长短）的平均反应时变化趋势图

第六章 空间一致性在符号线索提示中的重要作用

6.1 引 言

人类依赖于注意机制来把有限的大脑处理资源分配到潜在的危险或者与当前任务相关的事务上。这一能力使得我们能够对出现在当前注意区域的刺激进行快速的检测和响应。很多注意任务范例被用于对潜在的人类视觉注意机制进行研究。例如，视觉搜索任务（Visual search tasks）要求被测试者在同时显示的多个非目标刺激中检测带有某种唯一特征（如颜色、形状或表情等）的目标刺激（Frischen、Eastwood 和 Smilek，2008），而空间提示任务（Spatial cueing tasks）则要求被测试者检测在中心或者周边线索刺激出现之后出现在线索刺激指示方位或者相反方位的目标刺激（Chica、Martin-Arevalo、Botta 和 Lupianez，2014；Frischen、Bayliss 和 Tipper，2007）。视觉注意研究通常在一个实验块中包含多次试验，而很多研究者发现被测试者完成实验任务的效率受到前后试验间存在的一种隐式机制的影响。最具有代表性的前后试验间存在的效应现象来自视觉搜索研究。具体来说，当被测试者的任务是搜索具有某种唯一特征（如颜色、朝向、位置、形状，甚至是人脸目标刺激所包含的表情信息）的目标刺激时，被测试者的反应时在当前试验的目标刺激特征和前次试验的目标刺激特征一致情况下比不一致情况下要快（Lamy、Amunts 和 Bar-Haim，2008；Lamy、Carmel、Egeth 和 Leber，2006；Maljkovic 和 Nakayama，2000）。这一前后试验间存在的时序效应（也叫作启动效应，Priming effect）被广泛地认为由不受被测试者主观意识控制影响的隐式视觉记忆机制所产生（Chun 和 Nakayama，2000；Kristjansson，2006；Peremen、Hilo 和 Lamy，2013）。同样的，虽然空间线索提示任务中传统的研究结果仅限于分析某次试验中反应时在线索有效测试情况下和线索无效情况下的快慢，但最近的一些研究表明被测试者在完成第 N 次试验时的效率受到前次试验（即第 N-1 次试验）线索有效性的影响（Dodd 和 Pratt，2007；Jongen 和 Smulders，2007）。具体来说，当前次试验中的线索为有效或无效状态时（即目标刺激出现位置和线索刺激指示方位一致或不一致），后继试验中相同试验状态再次出现时被测试者的反应时将加快，导致线索提示效应（即线索无效和有效状态下反应时的差值）在前次试验为线索有效状态时比在前次试验为线索无效状态时更强。类似的时序效应同样在其他反应时任务中被发现，例如，Simon 任务、Stroop 任务和 Flanker 任务（Risko、Blais、Stolz 和 Besner，2008；Spape 和 Hommel，2008；Ullsperger、Bylsma 和 Botvinick，2005）。由此可见，时序效应是在视觉注意系统中广泛存在的注意现象。但是，虽然空间线索提示任务中的时序效应与其他注意任务中的时序效应具有几乎相同的现象描述，现阶段空间线索提示任务中的时序效应的形成机制还存在争议。

Dodd 和 Pratt（2007）对 IOR（Inhibition of return）阶段的周边线索提示任务中的时序效应进行了测量。IOR 指的是在周边线索提示任务中，当线索刺激和目标刺激显示时间间隔较长时出现的反应时减慢，即线索有效情况下的反应时比线索无效情况下要慢。该研究发现 IOR 的强弱受到了前次试验线索有效性的显著影响，并把这一影响归因于被测试者对前次试验类型的自动记忆获取，即如果当前试验类型和前次试验类型相同则导致反应时加快，而如果当前试验类型和前次试验类型不同则导致反应时减慢。这一时序效应被认为是一种自动处理机制的主要原因是在实验中周边线索的指示方位对目标刺激的出现位置没有预测作用，即目标刺激仅有一半的概率出现在线索所指示的位置。因此，被测试者并没有主动利用线索（包括当前和前次试验中的线索）来指导其对目标进行检测的意图。类似的实验结果也在 Mordkoff、Halterman 和 Chen（2008）的一项研究中被报道。在这一研究中，研究者采用了较短的线索—目标显示时间间隔（50ms），并且增加了实验刺激的可能显示位置（即线索和目标刺激可能出现在上、下、左、右四个方位，而不是仅仅在左和右两个方位），显著的时序效应仍然产生了。用于解释线索提示任务中时序效应的自动记忆检测假说与用于解释 Simon 任务中时序效应的特征整合假说（Feature-integration theory）（Hommel、Proctor 和 Vu，2004）相符合。根据特征整合假说，如果某刺激和对该刺激的应答在时间上同时出现，则该刺激和应答的特征（至少是与任务相关的特征）将自发地整合在一起，形成一种短暂的记忆表征（或者叫作"event file"）。由此，当这一整合的特征在下一次试验中完全重复或者完全改变时，被测试者完成实验任务的效率将加快或者没有改变。但是，当整合的特征仅有一部分在下一次试验中重复时，就会与之前的记忆表征产生冲突，导致被测试者完成实验任务的效率减慢。用相同的假说对线索提示任务中的特征整合过程进行解释的话，线索提示时序效应可以解释为如下过程。在整个实验过程中：某次试验中线索刺激指示方位和目标刺激出现位置形成了一种空间组合关系（如一个指向左的线索刺激和一个在左边出现的目标刺激），这一空间组合关系在前后试验具有相同试验类型的情况下完全重复（左线索和左目标）或者完全改变（右线索和右目标），但是在试验类型不同的情况下则仅有一部分重复（左线索和右目标，或者右线索和左目标）。最终导致前后试验中试验类型重复的情况下反应时加快，这一现象表现在线索提示效应的强弱上就是前次试验为线索有效时的线索提示效应比前次试验为线索无效时的效应要强。

对线索提示任务中时序效应的另一种解释来自采用对目标刺激出现位置具有预测作用的中心箭头刺激作为线索刺激的研究（Gomez、Flores、Digiacomo 和 Vazquez-Marrufo，2009；Jongen 和 Smulders，2007）。在这些研究中，目标刺激出现在箭头线索所指向位置的可能性为80%，因此实验任务要求被测试者主动利用箭头线索所提供的信息来增加对目标刺激的检测效率。这就导致在该实验中出现的时序效应被解释为被测试者的短时策略调整。这一假说认为被测试者根据前一次试验中线索是否对其检测目标刺激起到帮助作用来不断地调整在当前试验中利用线索的程度。具体来说，一次线索提示有效的试验能够增强被测试者对于线索提示有效状态的期望，而一次线索提示无效的试验会降低这种期望，甚至导致对线索提示无效状态的期望。然而，后来的一些研究（Qian、Shinomori 和 Song，2012；Qian、Song、Shinomori 和 Wang，2012）发现对目标刺激位置不具有预测作用的箭头线索同样能够引起时序效应。这一发现表明，线索提示任务中的时序效应并不依赖于被测试者的主观意识控制，因此实验结果并不支持短时策略调整假说。但是前后试验间所存在的策略处理过程可能并不仅仅包含被测试者完成特定任务所采用的主观意识控制，也可能包含其他一些策略，比如被测试者对试验类型在前后试验间发生重复的期望，这一期望在线索对目标出现位置没有预测作用的情况下仍然可能存在。

在标准的线索提示任务中，特征整合（或者自动记忆获取）假说并不能和短时策略调整假说完全区分开来，这是因为不同试验类型的前后组合序列与线索方位和目标位置的完全或部分重复，或改变混合在了一起无法区分。例如，线索有效—线索有效的试验序列将总是包含线索方位和目标位置的完全重复或改变，而线索无效—线索有效的试验序列将总是包含线索方位和目标位置的部分重复或改变。但是通过改变实验配置，在一定程度上能够帮助我们区分不同的假说。Qian、Wang、Feng 和 Song（2015）把线索刺激指示方位和目标刺激出现位置从两种（左和右）可能性增加到了四种（上、下、左、右）。如此试验类型的种类未变（即线索有效和线索无效两种），但线索刺激和目标刺激的空间组合类型变为了三种：相同（目标刺激出现在线索刺激指示的相同位置，如线索刺激指向左，而目标刺激出现在左）、相反（目标刺激出现在线索刺激指示的相反位置，如线索刺激指向左，而目标刺激出现在右）和临接（目标刺激出现在与线索刺激指示方位临接的位置，如线索刺激指向左，而目标刺激出现在上或者下）。实验结果表明，时序效应的强弱在线索刺激和目标刺激的空间组合类型重复的情况下被加强了，即使前后试验中的线索都是无效的。这一结果说明影响线索提示任务中的时序效应的因素不仅仅是试验类型，还包括线索和目标空间组合类型。这一发现在一定程度上支持特征整合假说，而不是短时策略调整假说。

当前研究将对中心符号线索所引起的线索提示任务中的时序效应进行系统的测量。测量的潜在影响因素主要有两个：线索对目标位置的预测值和线索与目标之间的空间一致性。首先，现有线索提示研究在线索对目标位置具有预测作用（Jongen 和 Smulders，2007）和不具有预测作用（Qian、Shinomori 和 Song，2012）两种情况下都发现了时序效应。但是据我们所知，还没有研究对两种情况下时序效应的强弱进行直接的对比。当线索对目标位置具有预测作用时，实验任务要求被测试者利用线索所提供的信息来加快其对目标刺激的检测，而当线索对目标位置不具有预测作用时，实验任务要求被测试者尽量忽视线索刺激而只关注目标刺激。因此，如果被测试者采用了某种策略来调整其在某次试验中对线索的利用程度，那么这一策略的强度就应该在具有预测作用的线索情况下比在不具有预测作用的线索情况下要强。但是，如果时序效应源于某种隐式的记忆处理机制，那么线索对目标位置是否具有预测作用就应该不会对时序效应的强弱产生显著影响。实验 1 将深入研究这一问题。其次，根据短时策略调整假说，线索刺激的视觉形态不应该对时序效应产生显著影响，因为中心线索仅仅是通过一种符号意义的方式来指示目标刺激的可能显示位置，如一种符号代表左，而另一种符号代表右。但是根据特征整合假说，线索和目标刺激的特征整合过程的难易度却可能极大地受到线索刺激视觉形态的影响。例如，在某个符号线索提示研究中，字母"d"和字母"X"可能都被用作中心线索用在某次试验中指示目标刺激将出现在左边，但是字母"d"由于具有不对称的视觉形状，其空间指示信息能够很容易和目标位置左联系起来，而字母"X"由于具有对称的视觉形态，其与目标位置左的关联就没有那么直接和容易。换句话说，线索和目标刺激之间的特征整合过程很可能受到线索刺激视觉形态的影响，具有不对称视觉形态的线索能够更容易和更快速地与目标位置形成空间组合关系，产生比具有对称视觉形态的线索更强的时序效应。在当前研究中，空间一致（Spatial correspondence）被用于描述目标位置和具有不对称视觉形态的线索之间存在直接关联的情况，而空间转换（Spatial translation）用于表述线索的空间指示信息需要进行符号含义的转换后才能够用于指示目标位置的情况。根据特征整合假说，空间一致情况下的时序效应应该强于空间转换情况下的时序效应，而根据短时策略调整假说，两种情况下的时序效应不应该有显著区别。实验 2 将对这一问题进行深入研究。最后，即使我们在实验 2 中发现了空间一致情况下的时序效应强于空间转换情况下的时序效应，我们也不能就此得出空间转换情况下的线索就无法产生时序效应的结论。这是因为人类完成特定任务的效率会随着长时间的练习而增加。例如，我们能够很容易地对用我们的母语写成的指向性文字（如左和右）进行解码。因此，指向性文字虽然需要进行空间信息的转换才能在线索提示任务中指示目标可能出现的位置，但是人脑对其空间意义的高效处理却仍然使得时序效应的产生成为可能。这一可能性将在实验 3 中进行深入研究。

6.2 实验 1

实验 1 的目的是重现前人所报道的中心箭头线索所引起的时序效应，并进一步对线索预测值的影响进行测量。

6.2.1 被测试者

48 名大学生参加了本次实验（平均年龄为 25 岁，年龄区间为 22~33 岁，其中 29 人为女性）。其中的 24 人（含 14 名女性）参加了线索对目标位置具有预测作用的实验，剩下的 24 人参加了线索对目标位置不具有预测作用的实验。所有的被测试者都具有正常或者已矫正的视力，并且对于实验的目的完全不知情。

6.2.2 实验装置

实验刺激被显示在一台刷新率为 60 赫兹的 LCD 显示器上。被测试者坐在离屏幕中心大约 57 厘米的位置上。被测试者的头部在实验过程中被固定在一个额托上以防止不必要的头部运动。

6.2.3 实验刺激

一个所占视角为 1.3°的十字被显示在屏幕的中心作为中心注视点，并且在实验过程中一直被显示。线索刺激是指向左或者右的箭头形状刺激，由一条长 2.5°视角的中心水平线和添加在水平线前后的箭头形状的头和尾组成。从箭头的头到尾的总长度为 3.2°视角。目标刺激是宽 1°、高 1°视角的星号，并被显示在离中心注视点 14° 视角远的屏幕的左边或者右边。

6.2.4　实验设计

线索刺激和目标刺激的显示时间间隔 SOA 为 300ms 和 600ms。在每次试验中，箭头方向、目标位置以及 SOA 都采取随机选择的方式。但是，目标刺激的位置根据实验类型的不同而不同。对于采用具有预测作用的箭头的实验类型来说，目标刺激出现在箭头所指向位置的概率为 75%；对于采用不具有预测作用的箭头的实验类型来说，目标刺激出现在箭头所指向位置的概率为 50%。实验分成 4 个 block，每个 block 包括 90 次测试，每个 block 后被测试者可以进行短时间的休息。每个 block 中有 10 次测试为错误捕捉测试，即目标刺激不被显示的测试。要求被测试者在目标刺激不显示的情况下不做应答，包括 20 次用于练习的测试，每位被测试者总共需要完成 380 次测试（在不具有预测作用的箭头情况下）或者 560 次测试（在具有预测作用的箭头情况下）。每个 block 的第一次测试的反应时以及紧跟在错误捕捉测试之后的测试的反应时被排除，不计入数据分析阶段。

对于具有和不具有预测作用的箭头情况下的反应时，2（前次线索有效性）×2（当前线索有效性）×2（SOA）的重复测量方差分析（ANOVA）被用于分析相应情况下的时序效应。前次线索有效性和当前线索有效性的显著交互作用表明前后测试间产生了显著的时序效应。此外，两种线索预测作用情况下的时序效应的对比能够反映线索预测作用对时序效应的影响。如果被测试者采用了某种策略来调整其在某次试验中对线索的利用程度，那么这一策略的强度就应该在具有预测作用的线索情况下比在不具有预测作用的线索情况下要强。但是，如果时序效应源于某种隐式的记忆处理机制，那么线索对目标位置是否具有预测作用就应该不会对时序效应强弱产生显著影响。

6.2.5　实验流程

如图 6-1 所示，在每次测试中被测试者集中注意于屏幕中心。首先，中心注视点显示在屏幕中心并保持 1200ms，然后线索刺激被显示。在 300ms 或者 600ms SOA 时间间隔之后，作为目标刺激的星号呈现在屏幕左边或者右边直到被测试者按下应答按钮或者呈现时间超过 1200ms。被测试者的任务是对目标刺激的出现做出快速的反应，按下键盘上的 "SPACE" 按钮。在线索不具有预测作用的情况下，被测试者被告知中心线索刺激并不能预测目标刺激出现的具体位置，线索指示方位、目标出现的位置都是随机选择的。在线索具有预测作用的情况下，被测试者被告知中心线索刺激预测目标刺激出现的具体位置可能性为 75%，并且鼓励被测试者利用中心线索提供的信息来加快其对目标的检测速度。

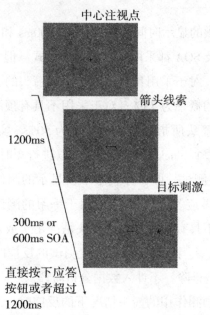

图 6-1　实验流程的示意图，图中的线索刺激是指向左的箭头，而目标刺激出现在右，所以是一次线索无效的测试。

6.2.6　实验结果

表 6-1　实验 1 中各种情况下的平均反应时（RT）和标准差（SD）

	300ms SOA				600ms SOA			
	有效		无效		有效		无效	
	RT	SD	RT	SD	RT	SD	RT	SD
箭头不具有预测作用								
前次有效	377.1	74.1	387.2	65.0	354.0	61.6	373.1	56.9
前次无效	377.3	66.1	386.6	62.9	359.4	65.8	368.1	59.3
箭头具有预测作用								
前次有效	362.1	52.0	416.8	75.7	345.1	51.8	400.3	82.6
前次无效	372.5	57.4	413.6	84.7	345.3	51.1	387.8	86.7

1. 错误处理

被测试者错过了约 0.2%（不具有预测作用的线索情况）和 0.1%（具有预测作用的线索情况）的目标刺激并在约 4.9%（不具有预测作用的线索情况）和 2.2%（具有预测作用的线索情况）的错误捕捉测试中按下了应答按钮。低于 100ms 或者高于

1000ms 的响应时间被作为错误数据不进行分析。此外，在各种实验情况下，超过被测试者平均反应时两倍标准差的反应时也被移除。最终导致约 6.2%（不具有预测作用的线索情况）和 4.8%（具有预测作用的线索情况）的测试结果被移除。2（线索预测作用）×2（前次线索有效性）×2（当前线索有效性）×2（SOA）的重复测量方差分析（ANOVA）被用于分析测试结果的错误率。唯一主效应显著的因素是线索预测作用（P<.027），反映了在不具有预测作用的线索情况下，被测试者的错误率比在具有预测作用的线索情况下高。没有其他因素或者交互达到显著。表 6-2 显示了被测试者在各种情况下的平均错误率。

表 6-2　实验 1 中各种情况下的平均错误率（ER）和标准差（SD）

| | 300ms SOA | | | | 600ms SOA | | | |
| | 有效 | | 无效 | | 有效 | | 无效 | |
	ER	SD	ER	SD	ER	SD	ER	SD
箭头不具有预测作用								
前次有效	5.7%	3.1	6.8%	4.3	6.0%	3.4	6.2%	3.7
前次无效	6.1%	4.5	6.3%	3.3	5.8%	2.9	6.4%	3.4
箭头具有预测作用								
前次有效	4.7%	1.9	5.1%	2.2	4.5%	1.7	5.6%	2.3
前次无效	4.5%	2.1	4.1%	5.3	5.8%	2.8	3.9%	4.9

2. 不具有预测作用的线索情况下的时序效应

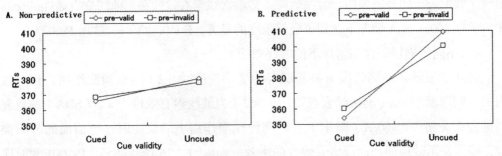

图 6-2 实验 1 中各种条件下平均反应时的变化趋势图，A 部分为不具有预测作用的箭头线索的平均反应时结果，B 为具有预测作用的箭头线索的平均反应时结果。

2（前次线索有效性）×2（当前线索有效性）×2（SOA）的重复测量方差分析（ANOVA）被用于分析相应情况下的反应时。当前线索有效性的主效应显著，F（1，23）=14.681，P<.001，代表了线索提示效应的产生，即线索有效情况下的反应时比线索无效情况下要快。SOA 的主效应显著，F（1，23）=18.280，P<.001，表明当 SOA 变长时反应时变短。重要的是，前次线索有效性和当前线索有效性的交互

作用显著，$F_{(1, 23)}=6.960$，$P<.015$，表明在前次测试为线索有效情况下的线索提示效应（平均值为14.3ms，即线索无效状态下的反应时减去线索有效状态下的反应时）比在前次测试为线索无效情况下的线索提示效应（平均值为9.2ms）更强，即产生了前人所报道的时序效应。没有其他因素或者交互达到显著。各种情况下的平均反应时如图6-2（A）所示。此外，对单个SOA情况下的时序效应进行的分析表明，时序效应（即前次线索有效性和当前线索有效性的交互作用）在600ms SOA情况下达到了显著，$F_{(1, 23)}=11.491$，$P<.003$。

3. 具有预测作用的线索情况下的时序效应

2（前次线索有效性）×2（当前线索有效性）×2（SOA）的重复测量方差分析（ANOVA）被用于分析相应情况下的反应时。当前线索有效性的主效应显著，$F_{(1, 23)}=33.495$，$P<.001$，代表了显著的线索提示效应。SOA的主效应显著，$F_{(1, 23)}=20.301$，$P<.001$，表明当SOA变长时反应时变短。此外，前次线索有效性和SOA的交互作用也达到了显著，$F_{(1, 23)}=4.875$，$P<.037$。重要的是，前次线索有效性和当前线索有效性的交互作用显著，$F_{(1, 23)}=4.335$，$P<.049$，表明在前次测试为线索有效情况下的线索提示效应（平均值为55.3ms，即线索无效状态下的反应时减去线索有效状态下的反应时）比在前次测试为线索无效情况下的线索提示效应（平均值为40.4ms）更强，即产生了显著的时序效应。没有其他因素或者交互达到显著。各种情况下的平均反应时如图6-2（B）所示。此外，对单个SOA情况下的时序效应进行的分析表明，时序效应（即前次线索有效性和当前线索有效性的交互作用）在300ms SOA情况下达到了最低限度的显著，$F_{(1, 23)}=3.532$，$P=.073$。

4. 不同线索预测作用情况下的时序效应对比

表6-2显示了不同情况下被测试者的平均反应时。2（线索预测作用，作为被测试者间因素）×2（前次线索有效性）×2（当前线索有效性）×2（SOA）的重复测量方差分析（ANOVA）被用于对比两种预测作用下的反应时。与前面的分析类似，线索提示效应即当前线索有效性的主效应，$F_{(1, 46)}=45.655$，$P<.001$和时序效应即前次线索有效性和当前线索有效性的交互作用，$F_{(1, 46)}=7.990$，$P<.007$都达到了显著。但是，线索预测作用的主效应以及线索预测作用、前次线索有效性和当前线索有效性三者之间的交互作用都未达到显著（$Ps>.27$）。此外，与线索预测作用相关的唯一显著的交互是线索预测作用和当前线索有效性的交互，$F_{(1, 46)}=16.813$，$P<.001$，表明线索提示效应在具有预测作用的线索情况下（平均值50ms）比不具有预测作用的线索情况下（平均值11.6ms）要强，这一结果反映了线索预测作用对线索提示效应的典型影响。没有其他因素或者交互达到显著。因此，

没有任何证据表明线索预测作用对时序效应的强弱产生了显著影响。

6.3　实验2

实验1的结果表明，线索对目标出现位置预测作用的改变并不能对时序效应的强弱产生显著影响。这一发现并不支持用于解释时序效应的短时策略调整假说，但是我们仍然需要更多的证据来支持另一种解释，即特征整合假说。实验2计划改变中心线索的物理属性。具体来说，中心线索的视觉形态被分为两种：对称（"X"和"T"）和不对称（"d"和"b"）。线索刺激和目标位置空间关系的整合过程在不对称的线索情况下应该比在对称的线索情况下更容易，因为不对称线索和目标之间具有空间一致性，但是对于对称的线索来说，线索的空间信息必须经过语义的转换，因此特征整合过程将减慢甚至消失。正如在前言部分所说的，根据特征整合假说，空间一致（即线索不对称）情况下的时序效应应该比空间转换（即线索对称）情况下的时序效应要强，但是根据短时策略调整假说，两种情况下的时序效应应该没有显著区别。

6.3.1　被测试者

30名大学生参加了本次实验（平均年龄为25岁，年龄区间为22~28岁，其中18人为女性）。所有的被测试者都具有正常或者已矫正的视力，并且对实验的目的完全不知情。

6.3.2　实验装置和实验刺激

除中心线索刺激外，实验装置和实验刺激与实验1相同。在对称线索刺激情况下，线索刺激为大写的英文字母"X"和"T"，每个字母宽1.8°视角和高2°视角。在不对称线索刺激情况下，线索刺激为小写英文字母"d"和"b"，每个字母宽1.5°视角和高2.4°视角。

6.3.3　实验设计和实验流程

与实验1类似，线索刺激和目标刺激的显示时间间隔SOA为300ms和600ms。在每次试验中，线索指示方向、目标位置以及SOA都采取随机选择的方式。但是，目标刺激出现在线索所指向位置的概率为75%。整个实验根据中心线索的不同分为两个Session，分别为对称线索（"X"和"T"）和不对称线索（"d"和"b"）。

对被测试者完成 Session 的顺序做了平衡处理。在对称线索情况下，线索刺激为"X"（对于另一半的被测试者为"T"）时目标刺激更可能出现在左边，而线索刺激为"T"（对于另一半的被测试者为"X"）时目标刺激更可能出现在右边。在不对称线索情况下，线索刺激为"d"时目标刺激更可能出现在左边，而线索刺激为"b"时目标刺激更可能出现在右边。每个实验 Session 分成 6 个 block，每个 block 包括 90 次测试，每个 block 后被测试者可以进行短时间的休息。每个 block 中有 10 次测试为错误捕捉测试，即目标刺激不被显示的测试。被测试者被要求在目标刺激不显示的情况下不做应答，包括 20 次用于练习的测试，每位被测试者总共需要完成 1120 次测试。每个 block 的第一次测试的反应时以及紧跟在错误捕捉测试之后的测试的反应时被排除，不计入数据分析阶段。

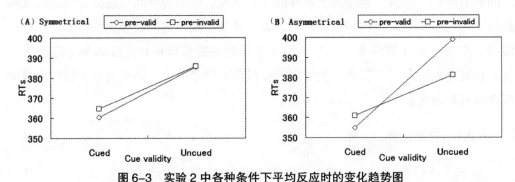

图6-3 实验2中各种条件下平均反应时的变化趋势图

说明：A 为对称线索的平均反应时结果，B 为不对称线索的平均反应时结果。

对于对称和不对称线索情况下的反应时，2（前次线索有效性）×2（当前线索有效性）×2（SOA）的重复测量方差分析（ANOVA）被用于分析相应情况下的时序效应。前次线索有效性和当前线索有效性的显著交互作用表明前后测试间产生了显著的时序效应。此外，两种线索对称情况下的时序效应的对比能够反映线索和目标空间一致性对时序效应的影响。如果时序效应源于特征整合的处理机制，那么线索不对称情况下的时序效应就应该比线索对称情况下的时序效应更强。

实验流程与实验 1 中的流程类似，除了在对称和不对称线索情况下，要求被测试者都利用线索所提供的信息来加快其检测目标的速度。

6.3.4 实验结果

1. 错误处理

被测试者错过了约 3.9% 的目标刺激并在约 0.25% 的错误捕捉测试中按下了应答按钮。低于 100ms 或者高于 1000ms 的响应时间被作为错误数据不进行分析。此外，在各种实验情况下，超过被测试者平均反应时两倍标准差的反应时也被移除。最终导致约 5.4% 的测试结果被移除。2（线索对称性）×2（前次线索有效性）×2（当前线索有效性）×2（SOA）的重复测量方差分析（ANOVA）被用于分析测试结果的错误率。唯一主效应显著的因素是 SOA（P<.018），反映了被测试者的错误率在 600ms SOA 情况下比在 300ms SOA 情况下要高。没有其他因素或者交互达到显著。表 6-4 显示了不同情况下被测试者的平均错误率。

表 6-3 实验 1 中各种情况下的平均反应时（RT）和标准差（SD）

	300ms SOA				600ms SOA			
	有效		无效		有效		无效	
	RT	SD	RT	SD	RT	SD	RT	SD
对称字母线索								
前次有效	369.5	54.7	392.8	86.7	351.7	49.5	377.6	83.2
前次无效	373.0	58.9	398.8	119.3	356.8	50.6	371.5	85.1
不对称字母线索								
前次有效	363.7	67.5	404.6	76.6	346.0	54.8	393.0	65.4
前次无效	370.1	71.2	397.9	82.5	352.0	59.7	374.2	58.7

表 6-4 实验 1 中各种情况下的平均错误率（ER）和标准差（SD）

	300ms SOA				600ms SOA			
	有效		无效		有效		无效	
	ER	SD	ER	SD	ER	SD	ER	SD
对称字母线索								
前次有效	4.7%	1.7	5.2%	2.4	5.0%	1.9	6.1%	3.1
前次无效	4.9%	2.3	6.0%	6.9	5.4%	2.8	6.2%	4.7
不对称字母线索								
前次有效	4.9%	1.7	4.8%	1.9	5.6%	1.8	5.7%	3.2
前次无效	5.4%	2.9	4.5%	5.5	6.0%	3.2	5.9%	5.9

2. 对称线索情况下的时序效应

2（前次线索有效性）×2（当前线索有效性）×2（SOA）的重复测量方差分析（ANOVA）被用于分析相应情况下的反应时。当前线索有效性的主效应显著，$F_{(1, 29)}=4.459$，P<.043，代表了线索提示效应的产生，即线索有效情况下的反应时比线索无效情况下要快。SOA 的主效应显著，$F_{(1, 29)}=16.034$，P<.001，表明当 SOA 变长时反应时变短。重要的是，前次线索有效性和当前线索有效性的交互作用未达到显著（P>.24），表明未产生显著的时序效应。在前次测试为线索有效情况下的线索提示效应（平均值为 24.9ms，即线索无效状态下的反应时减去线索有效状态下的反应时）和在前次测试为线索无效情况下的线索提示效应（平均值为21.1ms）没有显著区别。没有其他因素或者交互达到显著。各种情况下的平均反应时如图6-3（A）所示。此外，虽然总体时序效应未达到显著，对单个SOA情况下的时序效应进行的分析表明，时序效应（即前次线索有效性和当前线索有效性的交互作用）在600ms SOA情况下达到了显著，F（1，29）=7.67，P<.01。

3. 不对称线索情况下的时序效应

2（前次线索有效性）×2（当前线索有效性）×2（SOA）的重复测量方差分析（ANOVA）被用于分析相应情况下的反应时。当前线索有效性的主效应显著，F（1，29）=39.555，P<.001，代表了显著的线索提示效应。SOA的主效应显著，F（1，29）=11.630，P<.002，表明当SOA变长时反应时变短。重要的是，前次线索有效性和当前线索有效性的交互作用显著，F（1，29）=16.095，P<.001，表明在前次测试为线索有效情况下的线索提示效应（平均值为44.1ms，即线索无效状态下的反应时减去线索有效状态下的反应时）比在前次测试为线索无效情况下的线索提示效应（平均值为20.4ms）更强，即产生了显著的时序效应。没有其他因素或者交互达到显著。各种情况下的平均反应时如图6-3（B）所示。此外，对单个SOA情况下的时序效应进行的分析表明，时序效应（即前次线索有效性和当前线索有效性的交互作用）在600ms SOA情况下达到了显著，F（1，29）=12.05，P<.002，而在300ms SOA情况下达到了最低限度的显著，F（1，29）=3.607，P=.068。

4. 不同线索对称性情况下的时序效应对比

表6-3显示了不同情况下被测试者的平均反应时。2（线索对称性）×2（前次线索有效性）×2（当前线索有效性）×2（SOA）的重复测量方差分析（ANOVA）被用于对比两种线索情况下的反应时。与前面的分析类似，线索提示效应即当前线索有效性的主效应，F（1，29）=15.011，P<.001和时序效应即前次线索有效性和当前线索有效性的交互作用，F（1，29）=16.488，P<.001都达到了显著。线索对称性的主效应未达到显著（P>.86）。但是，线索对称性、前次线索有效性和当前线索有效性三者之间的交互作用达到了显著，F（1，29）=5.610，P<.025，说明不对称线索情况下的时序效应（平均值23.7ms，即前次测试为线索有效情况下的线索提示效应值减去前次测试为线索无效情况下的线索提示效应值）比对称线索情况下的时序效应（平均值3.8ms）要强。没有其他因素或者交互达到显著。因此，实验的结果表明，线索刺激的视觉形态（对称性）对时序效应的强弱产生了显著影响。

6.4　实验 3

实验 2 的结果表明，不对称字母线索引起了比对称字母线索更强的时序效应。这一影响很可能归因于不对称线索能够在线索的视觉形态和目标位置之间建立空间一致性处理，而对称线索则必须经过空间意义的转换才能够指示目标可能出现的位置。但是，这并不意味着空间一致性是时序效应产生的必要条件，需要空间转换处理的线索仍然是可能引起时序效应的。确实，实验 2 中的对称线索在 600ms SOA 情况下引起了虽然微弱但显著的时序效应。很有可能经过超量学习的符号，例如方向性文字，由于空间意义转换过程的加快，同样能够引起时序效应。因此，在实验 3 中，中心线索刺激采用了中文汉字"左"和"右"。除了被测试者均来自中国这一原因外，选择中文汉字作为线索还有另外一个原因，那就是两个中文汉字仅有一小部分不同，并且不同的这一小部分本身的视觉形态也是完全对称的。这一优点能够极大地减少两个汉字之间不同物理特征的影响。此外，为了进一步证实实验 1 中关于线索预测作用对时序效应没有显著影响的结论，实验 3 中的线索预测值进行了和实验 1 中相同的改变。

6.4.1　被测试者

30 名大学生参加了本次实验（平均年龄为 24.5 岁，年龄区间为 20~28 岁，其中 17 人为女性）。其中的 15 人（含 10 名女性）参加了线索对目标位置具有预测作用的实验，剩下的 15 人参加了线索对目标位置不具有预测作用的实验。所有的被测试者都具有正常或者已矫正的视力，并且对实验的目的完全不知情。

6.4.2　实验装置、实验刺激、实验设计和实验流程

除中心线索刺激外，实验装置、实验刺激、实验设计和实验流程与实验 1 中相同。中心线索刺激是中文汉字"左"和"右"。汉字显示时宽度和高度均为 3° 视角。

6.4.3　实验结果

1. 错误处理

被测试者错过了约 0.1%（不具有预测作用的线索情况）和 0.15%（具有预测作用的线索情况）的目标刺激并在约 2.1%（不具有预测作用的线索情况）和 3.2%（具有预测作用的线索情况）的错误捕捉测试中按下了应答按钮。低于 100ms 或者高于

1000ms 的响应时间被作为错误数据不进行分析。此外，在各种实验情况下，超过被测试者平均反应时两倍标准差的反应时也被移除。最终导致约 5.2%（不具有预测作用的线索情况）和 6.4%（具有预测作用的线索情况）的测试结果被移除。2（线索预测作用）×2（前次线索有效性）×2（当前线索有效性）×2（SOA）的重复测量方差分析（ANOVA）被用于分析测试结果的错误率。线索预测作用和前次线索有效性的主效应都达到了显著（P 值分别为 P<.01 和 P<.041），线索预测作用和前次线索有效性的交互作用同样达到了显著（P<.047），反映了仅在具有预测作用的线索情况下，被测试者的错误率在前次测试为线索无效情况下比在前次测试为线索有效情况下要高。线索预测作用、当前线索有效性和 SOA 的交互作用同样达到了显著（P<.049）。没有其他因素或者交互达到显著。表 6-5 显示了被测试者在各种情况下的平均出错率。

表 6-5　实验 3 中各种情况下的平均错误率（ER）和标准差（SD）

| | 300ms SOA | | | | 600ms SOA | | | |
| | 有效 | | 无效 | | 有效 | | 无效 | |
	ER	SD	ER	SD	ER	SD	ER	SD
汉字不具有预测作用								
前次有效	5.5%	1.8	4.8%	2.9	5.6%	2.8	4.7%	2.5
前次无效	3.9%	1.3	5.7%	2.5	5.0%	2.2	6.2%	3.1
汉字具有预测作用								
前次有效	5.1%	2.3	5.5%	2.3	5.7%	2.0	6.8%	2.8
前次无效	6.5%	3.1	5.9%	5.4	5.9%	3.4	9.7%	6.3

2. 不具有预测作用的线索情况下的时序效应

2（前次线索有效性）×2（当前线索有效性）×2（SOA）的重复测量方差分析（ANOVA）被用于分析相应情况下的反应时。当前线索有效性的主效应达到了最低限度的显著，$F_{(1, 14)}$=4.465，P=.053，代表了线索提示效应的产生。重要的是，前次线索有效性和当前线索有效性的交互作用显著，$F_{(1, 14)}$=6.624，P<.022，表明在前次测试为线索有效情况下的线索提示效应（平均值为 10.1ms，即线索无效状态下的反应时减去线索有效状态下的反应时）比在前次测试为线索无效情况下的线索提示效应（平均值为 −0.1ms）更强，即产生了前人所报道的时序效应。没有其他因素或者交互达到显著。各种情况下的平均反应时如图 6-4（A）所示。此外，对单个 SOA 情况下的时序效应进行的分析表明，时序效应（即前次线索有效性和当前线索有效性的交互作用）在 300ms SOA 情况下达到了显著，$F_{(1, 14)}$=7.948，P<.014。

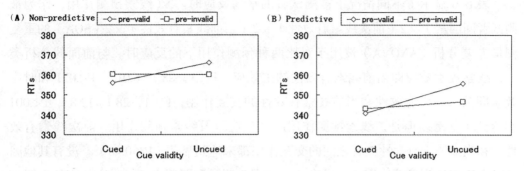

图6-4 实验3中各种条件下平均反应时的变化趋势图

说明：A为不具有预测作用的汉字线索的平均反应时结果，B为具有预测作用的汉字线索的平均反应时结果。

3．具有预测作用的线索情况下的时序效应

2（前次线索有效性）×2（当前线索有效性）×2（SOA）的重复测量方差分析（ANOVA）被用于分析相应情况下的反应时。SOA的主效应显著，$F_{(1,14)}=7.242$，$P<.018$，表明当SOA变长时反应时变短。当前线索有效性的主效应未达到显著，$F_{(1,14)}=2.82$，$P=.115$。但是，前次线索有效性和当前线索有效性的交互作用显著，$F_{(1,14)}=6.216$，$P<.026$，表明在前次测试为线索有效情况下的线索提示效应（平均值为14.9ms，即线索无效状态下的反应时减去线索有效状态下的反应时）比在前次测试为线索无效情况下的线索提示效应（平均值为3.3ms）更强，即产生了显著的时序效应。没有其他因素或者交互达到显著。各种情况下的平均反应时如图6-4（B）所示。此外，对单个SOA情况下的时序效应进行的分析表明，时序效应（即前次线索有效性和当前线索有效性的交互作用）在600ms SOA情况下达到了最低限度的显著，$F_{(1,14)}=4.393$，$P=.055$。

4．不同线索预测作用情况下的时序效应对比

表6-6 实验3中各种情况下的平均反应时（RT）和标准差（SD）

	300ms SOA				600ms SOA			
	有效		无效		有效		无效	
	RT	SD	RT	SD	RT	SD	RT	SD
汉字不具有预测作用								
前次有效	358.9	52.0	370.7	48.7	351.8	44.8	363.9	53.8
前次无效	362.4	45.3	362.2	47.5	357.6	51.5	355.9	52.5
汉字具有预测作用								
前次有效	352.3	46.0	360.3	54.1	328.7	30.6	350.4	46.1
前次无效	352.4	50.1	354.1	56.9	335.1	35.8	337.5	45.7

表6-6显示了不同情况下被测试者的平均反应时。2（线索预测作用，作为被测试者间因素）×2（前次线索有效性）×2（当前线索有效性）×2（SOA）的重复测量方差分析（ANOVA）被用于对比两种预测作用下的反应时。与前面的分析类似，线索提示效应即当前线索有效性的主效应，$F_{(1, 28)}=6.012$，$P<.021$ 和时序效应即前次线索有效性和当前线索有效性的交互作用，$F_{(1, 28)}=12.83$，$P<.001$ 都达到了显著。但是，线索预测作用的主效应以及线索预测作用、前次线索有效性、和当前线索有效性三者之间的交互作用都未达到显著（$Ps>0.40$）。没有其他因素或者交互达到显著。因此，没有任何证据表明线索预测作用对时序效应的强弱产生了显著影响。

6.5 讨 论

当前研究的发现对被广泛报道的反应时任务中前后测试间的注意调整机制的解释和说明有重要的意义。确实，针对线索提示任务中的时序效应有两种解释：基于线索有效性的短时策略调整假说、基于线索指示方位和目标位置的特征整合假说。一方面，当前研究的结果表明与短时策略调整假说的推测不同，线索预测作用的改变并不能引起时序效应的改变，这一结果在实验1和实验3中都得到了证实。另一方面，实验2中英文字母线索视觉形态的改变引起了时序效应的显著改变。这一发现只能归因于具有不同视觉形态的线索和目标位置相互关联的容易程度不同，即不对称的线索能够与目标位置产生空间一致性的直接处理，而对称的线索则必须经过空间转换处理才能获得其所包含的空间信息。因此，中心线索的物理属性对时序效应的显著影响能够被特征整合假说所解释，而不能被短时策略调整假说所解释。此外，虽然研究的结果表明，空间一致性能够显著影响时序效应的强弱，但这并不意味着空间一致性是时序效应产生的必要条件。确实，实验3的结果表明，即使不能产生空间一致性处理，经过超量学习的方向性文字符号线索也能够引起显著的时序效应。所以，线索和目标空间一致性处理的程度能够决定这两者整合形成短时记忆表征的难易度，使得空间一致性成为影响时序效应的重要因素。但是方向性文字符号和相应空间信息的关联在经过超量学习之后，能够加快这一关联处理的过程，并在线索提示任务中产生时序效应。

当前研究对具有和不具有预测作用的中心线索引起的时序效应进行了直接的对比。相比具有预测作用的线索，不具有预测作用的线索应该为被测试者提供更少的有效信息。如果时序效应源于被测试者的主观意识控制，那么被测试者在不具有预测作用的线索情况下利用线索信息的意愿就应该比较低，导致时序效应强度的降低。但是，虽然线索提示效应的强弱确实受到了线索预测能力的影响（至少在实验1中如此），时序效应却在实验1和实验3中都没有受到线索预测能力的显著影响。当然，影响不显著有很多原因，但并不能完全否定短时策略调整假说。首先，某个自变量的不显著影响可能仅仅是源于不合适的实验配置。其次，除了被测试者的主动意识控制，时序效应也可能源于其他类型的自上而下策略处理，如前后测试之间对测试类型重复的期望等。但是当前研究针对不同线索预测能力的发现仍然对短时策略调整假说提出了质疑，并促使我们进行进一步的研究。在当前研究针对空间一致的实验中，我们确实发现了一些短时策略调整假说无法解释的现象。具体来说，时序效应的强弱受到了中心线索物理属性（对称性）的显著影响。这一发现符合特征整合假说对时序效应所做出的解释，即线索指示方位和目标位置信息整合的难易度受到线索视觉形态的影响，进而影响时序效应的强弱。因此，就目前来看，是特征整合假说而不是短时策略调整假说，能够更好地解释线索提示任务中的时序效应。

空间一致性对时序效应具有显著影响，这一发现使我们能够对前人关于SOA对时序效应影响的发现做出新的解释。Mordkoff、Halterman 和 Chen（2008）在一项采用周边线索的研究中发现在线索和目标显示时间间隔（即SOA）为50ms的情况下，时序效应仍然产生了。但是，在 Qian、Shinomori 和 Song（2012）采用箭头线索的研究中，时序效应在前次测试 SOA 较短（100ms）的情况下却并不显著。类似的前次测试 SOA 的影响也在 Kunde（2003）的一项采用 prime-target 任务的研究中被报道。在这一研究中被测试者对目标箭头的指向进行辨别，而在目标箭头出现之前，一个 prime 箭头被短暂的显示。两个箭头的指向可能相同，也可能不同，导致反应时数据出现类似于线索提示效应的一致性趋势，即两个箭头指向相同时反应时加快，而两个箭头指向相反时反应时减慢。类似于线索提示任务中的时序效应，Kunde 实验中的反应时一致性趋势也在前次测试为箭头指向一致情况下比在前次测试为箭头指向不一致情况下要强。重要的是，这一反应时一致性趋势的变化受到了前次测试中 prime 箭头显示时间的显著影响，即当 prime 箭头显示时间较短（14ms）时不显著。由于前次测试 SOA 对时序效应具有显著的影响，这就导致一些研究者对特征整合假说提出了质疑，因为特征整合应该是一种很少受其他因素影响的自动处理过程。但是，根据当前研究的结果，我们可以把前次测试 SOA 对时序效应的影响解释为不同情况下线索和目标刺激空间一致性处理的难易度的不同。具体来说，对于周边线索而言，线索的出现位置（如左或右）和目标的出现位置（如左或右）可以直接并且快速地整合在一起，形成空间一致性关系。但是中心符号线索（如箭头或者不对称的字母"d"等）和目标位置的整合就没有那么直接。这就导致虽然空间一致性关系仍然能够形成，但是这一处理过程的速度就比周边线索情况下减慢了，即时序效应需要在较长的 SOA 情况下才显著。而对于具有对称视觉形态的中心符号线索（如字母"X"等）而言，其所含空间信息需要进行转换才能被用于指示目标刺激的可能出现位置。这种对空间信息的较慢处理很可能就是实验 2 中字母"X"和"T"未引起时序效应的内在原因。因此，线索的视觉特征和目标位置的空间关联很可能是时序效应是否出现，以及何时出现的关键影响因素。

需要着重指出的一点是虽然空间一致性处理对于时序效应具有重要的影响，但是其并不是时序效应产生的必要条件。确实，实验 3 中的汉字线索并不能引起线索视觉形态和目标位置的空间一致性处理，但是仍然产生了显著的时序效应。与此相对的是，实验 2 中的具有对称视觉形态的字母线索并未产生显著的时序效应。这两种线索的关键区别就在于被测试者在日常生活中只对汉字线索所具有的空间意义进行过超量学习。这种对汉字线索长期的使用经验很可能加快了我们对方向性汉字所含空间信息的转换过程，使得时序效应得以产生。

当前研究中有另外一项发现能够证明实验 3 中的时序效应并不是源于汉字线索的视觉形态和目标位置之间的空间一致性处理过程。那就是实验 3 中具有和不具有预测作用的汉字线索引起的线索提示效应没有显著区别。虽然符号线索在具有和不具有预测作用情况下的线索提示效应的差别一般归因于被测试者在两种情况下主观意识控制的不同，但是越来越多的研究表明线索和目标的空间一致性处理在这一差别的产生中起到重要作用（Lambert 和 Duddy，2002；Lambert、Roser、Wells 和 Heffer，2006；Shin、Marrett 和 Lambert，2011）。例如，Lambert 等（2006）发现显著的线索提示效应只在具有不对称视觉形态的中心线索情况下出现，而未在具有对称形态的线索情况下出现。Shin 等（2011）进一步证实线索形状和目标位置的空间特征的一致性处理，而不是被测试者对于字母线索空间信息的主观意识处理，对线索引起的注意现象的出现起到重要作用。与这些研究发现类似，当前研究在实验 3 中发现在空间一致性处理不可用情况下的线索提示效应未受到线索预测作用的显著影响。因此，当前研究的发现很好地重现了已有研究关于空间一致性对线索提示效应的重要影响的研究结果，并且进一步证实了空间一致性对线索提示任务中的时序效应同样具有显著的影响。

除了线索提示任务，在其他的注意任务中同样发现了类似的时间序列上的注意现象。其中一个著名的被叫做启动效应（Priming）的现象来自视觉搜索任务（Lamy

和 Kristjansson，2013）。对启动效应的基本描述是当目标刺激的特征已经在前次搜索中出现过的话，在当前搜索中对具有相同特征的目标刺激的搜索效率将获得提高。例如，Maljkovic 和 Nakayama（1994，1996）发现在搜索单例目标（Singleton target，由颜色、位置等特征定义）的任务中，当目标刺激和非目标刺激的特征在多次测试之间随机切换时，某次测试的响应时间在目标特征与前一次测试中目标特征相同和不同情况下有显著区别（相同时加快，不同时减慢）。此外，与当前研究中并未发现被测试者的主观意识控制对时序效应有显著影响一样，视觉搜索中的启动效应同样不受被测试者对于即将来临的目标刺激的知识和经验的显著影响。以上研究表明，视觉搜索任务中的启动效应和线索提示任务中的时序效应具有非常不同的属性，即视觉搜索中在前后测试之间重复的信息只是一些简单的特征，而线索提示时序效应中起作用的是线索指示方位和目标位置的复杂空间关系。但是，有以下几点依据证明两种任务下前后测试之间的注意现象非常类似。第一，搜索和线索提示任务中的时序现象都被发现以一种隐式的方式起作用，并且都对被测试者的主观意识控制不敏感（Kristjansson 和 Campana，2010；Qian、Shinomori 和 Song，2012）。第二，除了简单特征外，搜索任务中的时序处理被发现在复杂情况下同样存在，例如，存在基于整个刺激配置和非目标刺激身份的搜索上下文的启动效应等（Chun，2000；Geyer、Muller 和 Krummenacher，2007；Huang、Holcombe 和 Pashler，2004；Lamy、Antebi、Aviani 和 Carmel，2008）。第三，在启动效应中起作用的特征通常并不直接与被测试者的应答一一对应，例如在一项研究中可能目标刺激的颜色产生了启动效应，但是实验任务却是对目标刺激的形状进行应答。线索提示任务与之类似，被测试者通常仅需要简单地对目标物体是否出现（或者目标物体的身份）进行应答，并不需要关注目标出现的位置信息。第四，启动效应和线索提示时序效应的一个明显区别是启动效应中前次测试目标特征的影响具有累加性（Maljkovic 和 Nakayama，2000），但是线索提示时序效应只发生在相邻的两次测试之间（Dodd 和 Pratt，2007；Qian、Shinomori 和 Song，2012）。此外，由于很多关于启动效应的研究特别是采用了复杂刺激的研究并未对启动效应多次测试之间的累加性进行报道（如 Lamy、Amunts 和 Bar-Haim，2008），现阶段很难得出启动效应和线索提示时序效应具有质的不同结论。两者之间的不同很可能仅仅是由测试之间所传递的信息的复杂度不同而导致的。综上所述，虽然仍然需要进行更多的研究来提供支持，视觉搜索任务中的启动效应和线索提示任务中的时序效应很有可能基于人脑中相同的隐式记忆机制而产生。

除了视觉搜索任务中的启动效应外，与线索提示时序效应类似的注意现象同样在其他一些注意任务中被发现，例如，Flanker 任务、Stroop 任务和 Simon 任务（Egner，2007；Hommel、Proctor 和 Vu，2004）。与线索提示任务中线索指示方位和目标出现位置的关系类似，在这些注意任务中的刺激之间或者刺激与应答之间也存在着两种关系，即一致关系和不一致关系。例如，在典型的 Simon 任务中，被测试者需要利用左和右两个应答按钮对随机出现在屏幕左边或者右边的某个目标刺激的非空间位置特征（如形状）进行辨别。虽然目标刺激的位置与实验任务没有关系，但是当刺激位置和应答按钮一致时（如一个出现在左边的刺激并且其任务相关特征需要按下左按钮）被测试者的反应时比两者不一致（如某刺激出现在左边但是其任务相关特征需要按下右按钮）时要快。因此，Simon 任务中的一致性效应源于当刺激出现位置和应答按钮不一致时刺激和应答之间产生的冲突。Flanker 任务和 Stroop 任务中的情况与 Simon 任务中的情况稍有不同。简单来说，Flanker 任务和 Stroop 任务中除了存在刺激和应答的不一致性，还存在刺激和刺激之间的不一致性。重要的是，在以上三种任务中都存在与线索提示时序效应类似的现象，即一致性效应在前次测试为一致情况时比前次测试为不一致情况时要强。

线索提示任务中的时序效应与以上提到的其他任务中的时序效应存在一个关键的不同，那就是 Flanker 任务、Stroop 任务和 Simon 任务在不一致情况下都存在刺激和应答之间的冲突，而这种冲突在线索提示任务中并不存在。这是因为线索提示任务中的应答并不和测试类型相关，并且通常被测试者只需要利用一个按钮就能完成线索提示任务。线索提示任务和其他注意任务的这一区别就导致了除特征整合假说外，还有其他的假说能够用于对 Flanker 任务、Stroop 任务和 Simon 任务重点的时序效应进行解释，即冲突适应假说。根据这一假说，一次不一致的测试能够同时激活两个相互冲突的应答，而对这一冲突进行检测的机制能够提高被测试者的认知控制水平以便克服这种冲突。认知控制水平的提高又能够增加被测试者对任务相关信息的选择能力，导致与任务不相关信息的影响力降低，最终导致前次不一致测试之后测试的一致性效应减弱。作为冲突适应假说正确性的证据，一些研究发现时序效应在多次测试之间刺激特征和应答的重复被消除后（即消除了前后测试之间的特征整合过程）仍然存在（Ullsperger、Bylsma 和 Botvinick，2005；Verbruggen、Notebaert、Liefooghe 和 Vandierendonck，2006；Wuhr 和 Ansorge，2005）。但是，这并不意味着特征整合过程不能产生时序效应，很多研究表明，冲突适应和特征整合都在时序效应中起到一定的作用，而任务上下文和其他实验配置能够决定两者之中谁是最重要的因素（Akcay 和 Hazeltine，2007；Liu、Yang、Chen、Huang 和 Chen，2013；Notebaert、Gevers、Verbruggen 和 Liefooghe，2006；Wuhr 和 Ansorge，2005）。例如，在一个经过修改的 Stroop 任务中，Notebaert 等（2006）发现时序效应的强弱在特征整合过程中被排除之后减弱了，说明时序效应的强弱由冲突适应和特征整合两者相加决定。

　　冲突适应假说不能够用于对线索提示任务中的时序效应进行解释，因为在线索提示任务中不存在应答层面的冲突。如前所述，现有的关于线索提示时序效应的证据倾向于特征整合假说（Dodd 和 Pratt，2007；Mordkoff、Halterman 和 Chen，2008；Qian、Song、Shinomori 和 Wang，2012）。这些发现同样对 Flanker、Stroop 和 Simon 等其他注意任务中的时序效应有重要的参考意义。首先，线索提示时序效应的存在进一步证实了特征整合处理过程的存在。这是因为线索提示任务消除了潜在的应答冲突的影响，被测试者仅需要简单地对目标的出现进行应答，但是实验中仍然产生了时序效应。这一发现说明时序效应并不依赖于应答冲突，单纯的特征整合过程就能够引起显著的时序效应。其次，线索提示任务中的发现拓展了我们对于特征整合的了解。经典的特征整合假说认为时序效应源于刺激特征在前后测试之间完全重复或改变时相对于部分重复或改变时反应时的加快。根据这一说法，当可能的刺激位置数量发生改变时，线索提示时序效应的强弱就应该发生改变，这是因为完全重复或改变和部分重复或改变的前后测试序列的数量在整个实验中所占的比重将发生改变。但是，有研究发现周边线索所引起的时序效应的强弱在可能的刺激位置数量为 2、3 或者 4 的情况下没有显著区别（Mordkoff、Halterman 和 Chen，2008），而箭头线索所引起的时序效应在可能的刺激位置数量为 4 的情况下仍然显著（Qian、Wang、Feng 和 Song，2015）。一个更为明显的例子来自于 Mordkoff 等（2008）的第一个控制实验。在这一实验中，目标刺激总是出现在线索刺激所指示的方位或者刚好相反的方位，但是某次测试中刺激可能出现位置的轴线却有两种可能性：水平或者垂直。因此，当前后测试的轴线类型改变时，在测试之间只存在线索指示方位和目标位置的完全改变，而不存在部分改变的情况。但是，即使在这种情况下时序效应的强弱相比只有一种轴线的情况也没有受到任何影响。这一结果很显然不能用经典的特征整合假说来解释。但是，虽然在该控制实验中线索指示方位和目标位置完全改变了，但有一个属性在前后测试之间仍然存在完全和部分的重复或改变，那就是线索指示方位和目标位置的空间关系，即两者是否一致（或称为线索有效情况）或者不一致（或称为线索无效情况）。因此，这些研究的发现说明特征整合并不一定要局限于刺激简单特征重复时所带来的优越性，更高层面上的刺激之间空间关系的重复优越性同样在时序效应的产生过程中起到一定的作用。

　　从高层特征整合存在的角度来看，前人的一些原本被用来反对特征整合假说的研究发现可能就需要重新进行考虑和分析了。例如，Wuhr（2005）进行了一项

Simon 任务的实验，实验中包含两种刺激颜色（绿和红）、四种刺激位置（左下、右下、左上和右上）和两种应答位置（上或者下按钮，分别对应两种刺激颜色中的一种）。这样一来，在四种测试序列（一致——一致、一致—不一致、不一致——一致和不一致—不一致）中都可以发现相同的特征重复方式。具体来说，刺激位置的部分重复（如左下刺激和右下刺激）能够在一致——一致或者不一致—不一致测试序列中存在。而刺激颜色、位置和应答的完全重复也能够在一致—不一致或者不一致——一致测试序列中存在。实验发现，即使单独对部分重复或者完全改变两种情况进行分析，时序效应在两种情况下都产生了，这就使得 Wuhr 认为特征整合假说不正确。但是 Wuhr 的结论忽视了另外一个符合特征整合假说的高层特征，即线索指示方位和目标位置的空间关系。确实，在一致——一致或者不一致—不一致测试序列中，这两者的高层空间关系（如一个在屏幕下方显示的刺激和一个下应答）在刺激实际位置发生改变的情况下（如一个左下刺激和一个右下刺激）仍然可能在测试之间重复出现，而这一高层空间关系的重复却不可能发生在一致—不一致或者不一致——一致测试序列中。因此，Wuhr 的发现并不能消除高层特征整合的影响，其结论需要重新考虑。高层特征整合存在的可能性为特征整合假说的进一步发展提出了新的研究问题。例如，低层和高层特征整合对时序效应的贡献分别有多大？由于现有研究并没有对低层特征整合存在和不存在情况下时序效应的强弱进行对比和分析，对这一问题的深入研究将有利于我们进一步了解人类注意系统中时序效应产生的机制。

综上所述，当前研究的主要发现是符号线索提示任务中的时序效应受到线索物理特征的显著影响，而不受线索对目标位置的预测作用的显著影响。这一发现说明线索指示方位和目标位置的空间一致性处理，而不是被测试者基于策略的主观意识控制，对时序处理过程有重要影响。此外，研究还发现空间一致性处理并不是时序效应产生的必要条件。当前研究的结果支持特征整合假说。

参考文献

Akcay, C., & Hazeltine, E.（2007）.Conflict monitoring and feature overlap: two sources of sequential modulations.Psychon Bull Rev, 14（4）, 742-748.

Chica, A.B., Martin-Arevalo, E., Botta, F., & Lupianez, J.（2014）.The Spatial Orienting paradigm: how to design and interpret spatial attention experiments. Neurosci Biobehav Rev, 40, 35-51.doi: 10.1016/j.neubiorev.2014.01.002.

Chun, M.M.（2000）.Contextural cueing of visual attention.Trends Cogn Sci, 4（5）, 170-178.

Chun, M.M., & Nakayama, K.（2000）.On the functional role of implicit visual memory for the adaptive deployment of attention across scenes.Visual Cognition, 7, 65-81.

Dodd, M.D., & Pratt, J.（2007）.The effect of previous trial type on inhibition of return.Psychol Res, 71（4）, 411-417.doi: 10.1007/s00426-005-0028-0.

Egner, T.（2007）.Congruency sequence effects and cognitive control.Cogn Affect Behav Neurosci, 7（4）, 380-390.

Frischen, A., Bayliss, A.P., & Tipper, S.P.（2007）.Gaze cueing of attention: visual attention, social cognition, and individual differences.Psychol Bull, 133（4）, 694-724.doi: 10.1037/0033-2909.133.4.694.

Frischen, A., Eastwood, J.D., & Smilek, D.（2008）.Visual search for faces with emotional expressions.Psychol Bull, 134（5）, 662-676.doi: 10.1037/0033-2909.134.5.662.

Geyer, T., Muller, H.J., & Krummenacher, J.（2007）.Cross-trial priming of element positions in visual pop-out search is dependent on stimulus arrangement.J Exp Psychol Hum Percept Perform, 33（4）, 788-797.doi: 10.1037/0096-1523.33.4.788.

Gomez, C.M., Flores, A., Digiacomo, M.R., & Vazquez-Marrufo, M.（2009）. Sequential P3 effects in a Posner's spatial cueing paradigm: trial-by-trial learning of the predictive value of the cue.Acta Neurobiol Exp（Wars）, 69（2）, 155-167.

Hommel, B., Proctor, R.W., & Vu, K.P.（2004）.A feature-integration account of sequential effects in the Simon task.Psychol Res, 68（1）, 1-17.doi: 10.1007/s00426-003-0132-y.

Huang, L., Holcombe, A.O., & Pashler, H.（2004）.Repetition priming in visual search：Episodic retreval，not feature priming.Memory & Cognition，32（1），12-20.

Jongen，E.M.，& Smulders，F.T.（2007）.Sequence effects in a spatial cueing task：endogenous orienting is sensitive to orienting in the preceding trial.Psychol Res，71（5），516-523.doi：10.1007/s00426-006-0065-3.

Kristjansson，A.（2006）.Rapid learning in attention shifts：A review.Visual Cognition，13（3），324-362.

Kristjansson，A.，& Campana，G.（2010）.Where perception meets memory：a review of repetition priming in visual search tasks.Atten Percept Psychophys，72（1），5-18.doi：10.3758/APP.72.1.5.

Kunde，W.（2003）.Sequential modulations of stimulus-response correspondence effects depend on awareness of response conflict.Psychon Bull Rev，10（1），198-205.

Lambert，A.，& Duddy，M.（2002）.Visual orienting with central and peripheral precues：Deconfounding the contributions of cue eccentricity，cue discrimination and spatial correspondence.Visual Cognition，9（3），303-336.doi：10.1080/13506280042000199.

Lambert，A.，Roser，M.，Wells，I.，& Heffer，C.（2006）.The spatial correspondence hypothesis and orienting in response to central and peripheral spatial cues.Visual Cognition，13（1），65-88.

Lamy，D.，Amunts，L.，& Bar-Haim，Y.（2008）.Emotional priming of pop-out in visual search.Emotion，8（2），151-161.doi：10.1037/1528-3542.8.2.151.

Lamy，D.，Antebi，C.，Aviani，N.，& Carmel，T.（2008）.Priming of Pop-out provides reliable measures of target activation and distractor inhibition in selective attention.Vision Res，48（1），30-41.doi：10.1016/j.visres.2007.10.009.

Lamy，D.，Carmel，T.，Egeth，H.E.，& Leber，A.B.（2006）.Effects of search mode and intertrial priming on singleton search.Percept Psychophys，68（6），919-932.

Lamy，D.，& Kristjansson，A.（2013）.Is goal-directed attentional guidance just intertrial priming？A review.J Vis，13（3），14.doi：10.1167/13.3.14.

Liu，P.，Yang，W.，Chen，J.，Huang，X.，& Chen，A.（2013）.Alertness modulates conflict adaptation and feature integration in an opposite way.PLoS One，8（11），e79146.doi：10.1371/journal.pone.0079146.

Maljkovic，V.，& Nakayama，K.（1994）.Priming of pop-out：I.Role of features.

Mem Cognit, 22（6）, 657-672.

Maljkovic, V., & Nakayama, K.（1996）.Priming of pop-out: II.The role of position.Percept Psychophys, 58（7）, 977-991.

Maljkovic, V., & Nakayama, K.（2000）.Priming of popout: III.A short-term implicit memory system beneficial for rapid target selection.Visual Cognition, 7（5）, 571-595.

Mordkoff, J.T., Halterman, R., & Chen, P.（2008）.Why does the effect of short-SOA exogenous cuing on simple RT depend on the number of display locations？ Psychon Bull Rev, 15（4）, 819-824.doi: 10.3758/pp.15.4.819.

Notebaert, W., Gevers, w., Verbruggen, F., & Liefooghe, B.（2006）.Top-down and bottom-up sequential modulations of congruency effects.Psychonomic Bulletin & Review, 13（1）, 112-117.

Peremen, Z., Hilo, R., & Lamy, D.（2013）.Visual consciousness and intertrial feature priming.J Vis, 13（5）, 1.doi: 10.1167/13.5.1

Qian, Q., Shinomori, K., & Song, M.（2012）.Sequence effects by non-predictive arrow cues.Psychol Res, 76（3）, 253-262.doi: 10.1007/s00426-011-0339-2.

Qian, Q., Song, M., Shinomori, K., & Wang, F.（2012）.The functional role of alternation advantage in the sequence effect of symbolic cueing with nonpredictive arrow cues.Atten Percept Psychophys, 74（7）, 1430-1436.doi: 10.3758/s13414-012-0337-5.

Qian, Q., Wang, F., Feng, Y., & Song, M.（2015）.Spatial organisation between targets and cues affects the sequence effect of symbolic cueing.Journal of Cognitive Psychology, 27（07）, 855-865.doi: 10.1080/20445911.2015.1048249.

Risko, E.F., Blais, C., Stolz, J.A., & Besner, D.（2008）.Nonstrategic contributions to putatively strategic effects in selective attention tasks.J Exp Psychol Hum Percept Perform, 34（4）, 1044-1052.doi: 10.1037/0096-1523.34.4.1044.

Shin, M.-J., Marrett, N., & Lambert, A.J.（2011）.Visual orienting in response to attentional cues: Spatial correspondence is critical, conscious awareness is not.Visual Cognition, 19（6）, 730-761.doi: 10.1080/13506285.2011.582053.

Spape, M.M., & Hommel, B.（2008）.He said, she said: episodic retrieval induces conflict adaptation in an auditory Stroop task.Psychon Bull Rev, 15（6）, 1117-1121.doi: 10.3758/PBR.15.6.1117.

Ullsperger, M., Bylsma, L.M., & Botvinick, M.M.（2005）.The conflict adaptation effect：It's not just priming.Cognitive, Affective, & Behavioral Neuroscience, 5（4）, 467-472.

Verbruggen, F., Notebaert, W., Liefooghe, B., & Vandierendonck, A.（2006）. Stimulus- and response-conflict-induced cognitive control in the flanker task.Psychon Bull Rev, 13（2）, 328-333.

Wuhr, P.（2005）.Evidence for gating of direct response activation in the simon task.Psychonomic Bulletin & Review, 12（2）, 282-288.

Wuhr, P., & Ansorge, U.（2005）.Exploring trial-by-trial modulations of the Simon effect.The Quarterly Journal of Experimental Psychology, 58A（4）, 705-731. doi：10.1080/02724980443000269.

附　录

表6-7　实验1中的箭头线索在各种情况下的平均反应时（RT）、平均错误率（ER）和标准差（SD）

	RTs				ERs			
	有效		无效		有效		无效	
	RT	SD	RT	SD	ER	SD	ER	SD
箭头不具有预测作用								
前次有效	365.7	65.5	380.0	60.1	5.7%	2.7	6.2%	3.6
前次无效	368.4	65.7	377.6	60.1	5.7%	3.4	6.3%	2.2
箭头具有预测作用								
前次有效	353.8	50.9	409.1	77.4	4.4%	1.4	4.7%	2.0
前次无效	360.0	53.5	400.4	82.5	4.5%	1.8	4.7%	4.0

表6-8　实验1中的箭头线索在各种情况下的平均反应时（RT）和标准差（SD）

	Pre-300ms SOA				Pre-600ms SOA			
	有效		无效		有效		无效	
	RT	SD	RT	SD	RT	SD	RT	SD
箭头不具有预测作用								
前次有效	362.0	70.2	377.3	62.6	369.5	71.2	384.3	65.8
前次无效	365.4	69.7	378.6	64.5	371.5	70.3	378.5	63.8
箭头具有预测作用								
前次有效	350.0	45.3	405.6	77.3	356.6	45.5	409.1	72.3
前次无效	354.4	47.2	395.5	75.6	363.9	53.8	410.1	87.2

表6-9　实验1中的箭头线索在各种情况下的平均错误率（ER）和标准差（SD）

	Pre-300ms SOA				Pre-600ms SOA			
	有效		无效		有效		无效	
	ER	SD	ER	SD	ER	SD	ER	SD
箭头不具有预测作用								
前次有效	6.4%	2.9	6.6%	3.6	5.6%	4.6	5.8%	4.1
前次无效	6.4%	4.9	6.0%	2.9	5.5%	3.2	5.6%	3.0
箭头具有预测作用								
前次有效	4.6%	1.8	5.6%	2.9	4.7%	1.3	4.2%	2.1
前次无效	5.0%	2.6	2.7%	4.9	5.1%	2.6	4.0%	4.7

表 6-10　实验 2 中各种情况下的平均反应时（RT）和标准差（SD）

	Pre-300ms SOA				Pre-600ms SOA			
	有效		无效		有效		无效	
	RT	SD	RT	SD	RT	SD	RT	SD
对称字母线索								
前次有效	357.2	50.1	382.8	83.5	363.8	52.3	388.1	84.2
前次无效	363.6	54.1	377.0	88.5	366.5	53.3	398.4	110.2
不对称字母线索								
前次有效	352.0	59.7	396.3	73.3	357.5	58.8	401.7	70.5
前次无效	359.1	65.1	383.7	66.9	363.3	64.0	390.3	72.6

表 6-11　实验 2 中各种情况下的平均错误率（ER）和标准差（SD）

	Pre-300ms SOA				Pre-600ms SOA			
	有效		无效		有效		无效	
	ER	SD	ER	SD	ER	SD	ER	SD
对称字母线索								
前次有效	5.2%	1.4	5.9%	2.8	4.7%	1.5	5.4%	2.4
前次无效	5.0%	2.0	5.7%	6.3	5.3%	2.5	5.6%	5.3
不对称字母线索								
前次有效	5.6%	1.9	5.1%	2.9	4.7%	1.7	5.3%	2.3
前次无效	5.2%	2.5	4.9%	5.8	5.8%	4.1	4.4%	5.3

表 6-12　实验 3 中各种情况下的平均反应时（RT）和标准差（SD）

	Pre-300ms SOA				Pre-600ms SOA			
	有效		无效		有效		无效	
	RT	SD	RT	SD	RT	SD	RT	SD
汉字不具有预测作用								
前次有效	349.5	45.9	365.4	48.3	360.7	50.9	367.7	51.8
前次无效	356.6	49.9	355.3	48.3	362.3	48.0	365.8	52.4
汉字具有预测作用								
前次有效	338.0	36.7	354.5	50.8	344.0	39.1	357.9	49.8
前次无效	340.6	39.8	350.5	60.2	345.0	40.6	348.8	50.6

表 6-13　实验 3 中各种情况下的平均错误率（ER）和标准差（SD）

	Pre-300ms SOA				Pre-600ms SOA			
	有效		无效		有效		无效	
	ER	SD	ER	SD	ER	SD	ER	SD
汉字不具有预测作用								
前次有效	4.9%	2.5	4.3%	2.6	6.3%	2.0	6.1%	3.0

前次无效	5.1%	2.4	6.2%	2.4	4.8%	2.0	5.0%	2.2
汉字具有预测作用								
前次有效	4.5%	1.9	6.1%	2.5	5.8%	1.5	5.7%	2.3
前次无效	7.2%	2.9	7.8%	6.2	6.2%	2.2	6.2%	5.8

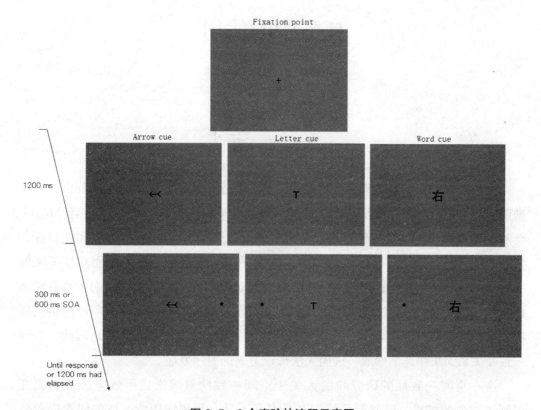

图6-5 3个实验的流程示意图

说明：图中的线索刺激分别为箭头、字母和汉字。字母线索对目标位置具有预测作用，而箭头线索和汉字线索对目标位置可能有预测作用，也可能没有预测作用。对于箭头线索来说，其指向左而目标刺激出现在右，所以是一次线索无效的测试；对于字母线索来说，其方位意义为左（或右）而目标刺激出现在左，所以是一次线索有效（或无效）的测试；对于汉字线索来说，其指向右而目标刺激出现在左，所以是一次线索无效的测试。

第七章　空间一致性在对称双字母线索提示任务中的作用

7.1　引　言

在第六章中我们对空间一致性在符号线索提示中的影响做了详细的分析。具体来说，具有不对称视觉特征的图形或者字母线索（如箭头和字母"d"或者"b"）能够很容易和目标刺激的位置信息形成空间一致性关系（如字母"d"和左目标，字母"b"和右目标），这一空间关系被保存在短时记忆机制中，进而对接下来的注意分配过程产生影响，即引起了前后测试之间的时序效应。然而，对于具有对称视觉特征的字母线索（如字母"X"）来说，其所指示的空间方位必须经过语义层次的转换才能在被测试者对目标位置进行检测的任务中起到指导作用。因此，空间一致性关系无法快速地形成，进而无法形成显著的时序效应。

这一空间一致性的研究与前人关于空间一致性对线索提示效应影响的研究得到了类似的结果。虽然符号线索在具有和不具有预测作用情况下的线索提示效应的差别一般归因于被测试者在两种情况下主观意识控制的不同，但是越来越多的研究表明，线索和目标的空间一致性处理在这一差别的产生中起到了重要作用（Lambert 和 Duddy，2002；Lambert、Roser、Wells 和 Heffer，2006；Shin、Marrett 和 Lambert，2011）。例如，Lambert 等（2006）发现显著的线索提示效应只在具有不对称视觉形态的中心线索情况下出现，而未在具有对称形态的线索情况下出现。Shin 等（2011）进一步证实线索形状和目标位置的空间特征的一致性处理，而不是被测试者对于字母线索空间信息的主观意识处理，对线索引起的注意现象的出现起到重要作用。

当前研究将从另外一个角度对空间一致性在时序效应中的作用进行探索。具体来说，将采用对称的双字母刺激作为线索提示任务中的符号线索。正如 Shin、Marrett 和 Lambert（2011）所讨论的那样，对称的双字母刺激（如在中心注视点左右两边同时显示的两个字母"X + X")虽然在视觉上是对称的，但是线索和目标之间的空间一致性关联仍然可能发生。这是因为当字母线索"X + X"（或"T + T"）指示目标位置更可能出现在左或右时，在左边出现的目标能够和在屏幕左边显示的字母"X"发生空间一致性关联（虽然在屏幕右边还有一个字母"X"），而在右边出现的目标能够和在屏幕右边显示的字母"T"发生空间一致性关联（虽然在屏幕左边还有一个字母"T"）。Shin、Marrett 和 Lambert（2011）也确实在双字母作为线索的情况下发现了显著的线索提示效应（至少是在较长的 SOA 情况下），而与之形成对比的是，在单字母作为线索的情况下却没有发现显著的线索提示效应。

当前研究将进一步对双字母线索情况下的注意转移过程进行测量，主要目标是探索空间一致性在时序效应中的作用。具体来说，实验中的对称双字母刺激有两类，一类是在中心注视点左右显示的双字母线索刺激，另一类是在中心注视点上下显示的双字母线索刺激。根据 Shin、Marrett 和 Lambert（2011）的空间一致性理论，只有左右显示的双字母线索刺激能够引起空间一致性关联处理，引起比上下显示的双字母线索刺激情况更强的线索提示效应。如果双字母线索刺激情况下的空间一致性处理同样能够在前后测试之间产生作用，那么我们应该也能够在时序效应中发现类似的注意现象，即左右显示的双字母线索刺激情况下的时序效应比上下显示的双字母线索刺激情况下要强。此外，在实验中每个被测试者只完成左右显示和上下显示两种情况中的一种，这就避免了被测试者同时完成两种情况可能带来的学习效应，能够真实地反映两种情况下时序效应的区别。整个研究共包含三个实验。实验 1 和实验 2 的区别在于线索刺激的显示时间，实验 1 中的线索刺激在显示后一直保持在屏幕上，直至目标刺激出现后被测试者按下按钮或者当前测试结束，而实验 2 中的线索刺激只显示 100ms，线索刺激和目标刺激不会同时显示在屏幕上。实验 2 中的情况更接近于 Shin、Marrett 和 Lambert（2011）所采用的实验配置，使得我们能够在对两项研究中的不同发现进行对比时排除实验配置的影响。实验 3 在实验 2 中左右显示的字母线索情况下的 16 位被测试者基础上追加测试了 8 位被测试者，用于排除实验结果源于实验 1 和实验 2 中相对较小的样本量的可能性。

7.2 实验 1

7.2.1 被测试者

32 名大学生参加了本次实验（平均年龄为 24.38 岁，年龄区间为 22~27 岁，

其中 19 人为女性）。其中的 16 名被测试者（平均年龄为 24.38 岁，年龄区间为
22~26 岁，其中 8 人为女性）参加了左右显示的线索刺激情况下的实验，而另外 16
名被测试者（平均年龄为 24.38 岁，年龄区间为 23~27 岁，其中 11 人为女性）参加
了上下显示的线索刺激情况下的实验。所有的被测试者都具有正常或者已矫正的视
力，并且对实验的目的完全不知情。

7.2.2　实验装置

实验刺激被显示在一台刷新率为 60 赫兹的 LCD 显示器上。被测试者坐在离屏
幕中心大约 57 厘米的位置上。

7.2.3　实验刺激

一个所占视角为 1.3° 的十字被显示在屏幕的中心作为中心注视点，并且在实
验过程中一直被显示。如图 7-1 所示，线索刺激由中心注视点和大写的英文字母
"X"或者"T"组成。在左右显示的双字母线索刺激情况下，字母显示在中心注视
十字点的左右两边，而在上下显示的双字母线索刺激情况下，字母显示在中心注视
十字点的上下两边。目标刺激是宽 1°、高 1° 视角的星号，并被显示在离中心注
视点 14° 视角远的屏幕的左边或者右边。

图 7-1　实验中使用的对称双字母线索刺激示意图

说明：左侧为左右显示的双字母线索示意图（以"T"为例），右侧为上下显示的双字母线
索示意图（以"X"为例）。

7.2.4　实验设计

线索刺激和目标刺激的显示时间间隔 SOA 为 300ms 和 600ms。在每次试验中，
线索指示方向、目标位置以及 SOA 都采取随机选择的方式。但是，目标刺激出现
在线索所指向位置的概率为 75%。线索刺激为"X"（对于另一半的被测试者为
"T"）时目标刺激更可能出现在左边，而线索刺激为"T"（对于另一半的被测试
者为"X"）时目标刺激更可能出现在右边。实验分成 6 个 block，每个 block 包括
90 次测试，每个 block 后被测试者可以进行短时间的休息。每个 block 中有 10 次测
试为错误捕捉测试，即目标刺激不被显示的测试。被测试者被要求在目标刺激不显

示的情况下不做应答，包括 20 次用于练习的测试，每位被测试者总共需要完成 560 次测试。每个 block 的第一次测试的反应时以及紧跟在错误捕捉测试之后的测试的反应时被排除，不计入数据分析阶段。

7.2.5　实验流程

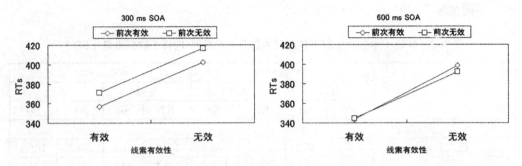

图 7-2　实验 1 中左右显示的双字母线索情况下的平均反应时变化趋势图

在每次测试中，被测试者集中注意于屏幕中心。图 7-2 显示了在一次测试中出现的事件顺序。首先，中心注视点显示在屏幕中心并保持 1500ms，然后线索刺激显示。在 300ms 或者 600ms SOA 时间间隔之后，作为目标刺激的星号呈现在屏幕左边或者右边直到被测试者按下应答按钮或者呈现时间超过 1200ms。被测试者的任务是对目标刺激的出现做出快速的反应，按下键盘上的"SPACE"按钮。被测试者被告知中心线索刺激预测目标刺激出现具体位置的可能性为 75%，并且鼓励被测试者利用中心线索提供的信息来加快其对目标的检测速度。

7.2.6　实验结果

表 7-1　实验 1 中各种情况下被测试者的平均错误率（ER）和标准差（SD）

	300ms SOA				600ms SOA			
	有效		无效		有效		无效	
	ER	SD	ER	SD	ER	SD	ER	SD
左右显示的字母线索								
前次有效	6.4%	2.1	6.6%	3.7	5.6%	2.0	5.5%	2.7
前次无效	5.1%	2.9	5.9%	5.6	5.9%	2.2	3.9%	4.7
上下显示的字母线索								
前次有效	5.8%	2.5	6.7%	3.0	4.9%	1.2	5.6%	2.7
前次无效	6.0%	3.6	2.9%	4.6	6.3%	2.0	4.7%	4.4

被测试者错过了约 0.18%（左右显示的字母线索情况）和 0.169%（上下显示的

字母线索情况）的目标刺激并在约 5.8%（左右显示的字母线索情况）和 3.0%（上下显示的字母线索情况）的错误捕捉测试中按下了应答按钮。低于 100ms 或者高于 1000ms 的响应时间被作为错误数据不进行分析。此外，在各种实验情况下，超过被测试者平均反应时两倍标准差的反应时也被移除。最终导致约 5.66%（左右显示的字母线索情况）和 5.4%（上下显示的字母线索情况）的测试结果被移除。表 7-1 显示了不同情况下被测试者的平均错误率。

表 7-2　实验 1 中各种情况下被测试者的平均反应时（RT）和标准差（SD）

	300ms SOA				600ms SOA			
	有效		无效		有效		无效	
	RT	SD	RT	SD	RT	SD	RT	SD
左右显示的字母线索								
前次有效	356.5	46.3	402.3	106.8	343.5	41.7	398.5	105.3
前次无效	370.9	57.6	416.6	135.0	344.5	38.8	392.4	104.0
上下显示的字母线索								
前次有效	392.2	70.5	396.8	64.9	375.8	71.3	394.9	69.9
前次无效	392.1	69.2	393.7	81.6	380.7	70.4	387.7	70.5

表 7-2 显示了不同情况下被测试者的平均反应时。2（线索类型，作为被测试者间因素）×2（前次线索有效性）×2（当前线索有效性）×2（SOA）的重复测量方差分析（ANOVA）被用于对比两种线索类型下的反应时。SOA 的主效应显著，$F_{(1, 30)}=7.326$，$P<.011$，表明当 SOA 变长时反应时变短。重要的是，当前线索有效性的主效应显著，$F_{(1, 30)}=6.513$，$P<.016$，说明产生了线索提示效应；前次线索有效性和当前线索有效性的交互作用达到了最低限度的显著，$F_{(1, 30)}=3.054$，$P=.091$，表明在前次测试为线索有效情况下的线索提示效应比在前次测试为线索无效情况下的线索提示效应更强，即产生了前人所报道的时序效应。然而，线索类型 × 前次线索有效性 × 当前线索有效性的交互作用未达到显著，$F_{(1, 30)}=.351$，$P=.558$。其他显著或者接近显著的因素和交互有：线索类型和前次线索有效性的交互作用，$F_{(1, 30)}=3.531$，$P=.070$；线索类型和当前线索有效性的交互作用，$F_{(1, 30)}=3.347$，$P=.077$，说明左右显示的字母线索（平均值为 49.8ms，线索无效情况下的反应时减去线索有效情况下的反应时）引起了比上下显示的字母线索（平均值为 7.8ms）更强的线索提示效应；线索类型 × 前次线索有效性 ×SOA 的交互作用，$F_{(1, 30)}=2.975$，$P=.095$；前次线索有效性和 SOA 的交互作用，$F_{(1, 30)}=3.407$，$P=.075$。没有其他因素或者交互达到显著。实验 1 的结果表明，不同线索类型所带来的空间一致性处理的差异确实影响了线索提示效应的

强弱，但是对时序效应没有显著的影响。图 7–2、7–3 显示了不同情况下被测试者的平均反应时变化趋势。

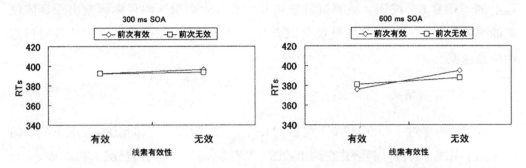

图 7–3　实验 1 中上下显示的双字母线索情况下的平均反应时变化趋势图

7.3　实验 2

7.3.1　被测试者

32 名大学生参加了本次实验（平均年龄为 24.78 岁，年龄区间为 22~27 岁，其中 13 人为女性）。其中的 16 名被测试者（平均年龄为 24.75 岁，年龄区间为 23 ~ 26 岁，其中 7 人为女性）参加了左右显示的线索刺激情况下的实验，而另外 16 名被测试者（平均年龄为 24.81 岁，年龄区间为 22~27 岁，其中的 6 人为女性）参加了上下显示的线索刺激情况下的实验。所有的被测试者都具有正常或者已矫正的视力，并且对实验的目的完全不知情。

7.3.2　实验装置、实验刺激和实验设计

实验装置、实验刺激和实验设计与实验 1 相同。唯一区别在于线索刺激的显示时间，实验 1 中的线索刺激在显示后一直保持在屏幕上，直至目标刺激出现后被测试者按下按钮或者当前测试结束，而实验 2 中的线索刺激只显示 100ms，之后被中心注视十字代替，线索刺激和目标刺激不会同时显示在屏幕上。

7.3.3　实验流程

在每次测试中，被测试者集中注意于屏幕中心。首先，中心注视点显示在屏幕中心并保持 1500ms，然后线索刺激显示。100ms 后线索刺激重新被中心注视点代替。以线索刺激显示时间为起点，在 300ms 或者 600ms SOA 时间间隔之后，作

为目标刺激的星号呈现在屏幕左边或者右边直到被测试者按下应答按钮或者呈现时间超过1200ms。被测试者的任务是对目标刺激的出现做出快速的反应，按下键盘上的"SPACE"按钮。被测试者被告知中心线索刺激预测目标刺激出现具体位置的可能性为75%，并且鼓励被测试者利用中心线索提供的信息来加快其对目标的检测速度。

7.3.4　实验结果

被测试者错过了约0.247%（左右显示的字母线索情况）和0.18%（上下显示的字母线索情况）的目标刺激并在约1.77%（左右显示的字母线索情况）和4.06%（上下显示的字母线索情况）的错误捕捉测试中按下了应答按钮。低于100ms或者高于1000ms的响应时间被作为错误数据不进行分析。此外，在各种实验情况下，超过被测试者平均反应时两倍标准差的反应时也被移除。最终导致约5.0%（左右显示的字母线索情况）和5.1%（上下显示的字母线索情况）的测试结果被移除。表7-3显示了不同情况下被测试者的平均错误率。

表7-3　实验2中各种情况下的平均错误率（ER）和标准差（SD）

	300ms SOA				600ms SOA			
	有效		无效		有效		无效	
	ER	SD	ER	SD	ER	SD	ER	SD
左右显示的字母线索								
前次有效	5.0%	1.7	5.7%	3.1	5.0%	1.6	5.3%	3.0
前次无效	6.2%	2.3	4.2%	5.1	5.2%	1.9	3.2%	4.4
上下显示的字母线索								
前次有效	5.1%	1.5	5.4%	2.5	5.4%	2.2	5.6%	2.5
前次无效	5.2%	1.6	4.0%	5.6	5.5%	2.6	3.9%	5.7

表7-4显示了不同情况下被测试者的平均反应时。2（线索类型，作为被测试者间因素）×2（前次线索有效性）×2（当前线索有效性）×2（SOA）的重复测量方差分析（ANOVA）被用于对比两种线索类型下的反应时。当前线索有效性的主效应显著，$F_{(1, 30)}=5.510$，$P<.026$，说明产生了线索提示效应。线索类型的主效应显著，$F_{(1, 30)}=14.839$，$P<.001$，说明上下显示的字母线索情况下的反应时比左右显示的字母线索情况下要快。其他接近显著的因素或者交互作用有：线索类型 × 前次线索有效性 × 当前测试线索有效性 ×SOA 的交互作用，$F_{(1, 30)}=3.473$，$P=.072$；线索类型和SOA的交互作用，$F_{(1, 30)}=2.848$，$P=.102$；线索类型和当前线索有效性的交互作用，$F_{(1, 30)}=2.810$，$P=.104$；线索类型 × 前次线索有效

性 ×SOA 的交互作用，F（1，30）=2.697，P=.111；线索类型 × 当前线索有效性 ×SOA 的交互作用，F（1，30）=2.827，P=.103。没有其他因素或者交互达到显著。实验 2 的结果同样表明，不同线索类型所带来的空间一致性处理的差异对时序效应没有显著的影响。图 7-4、7-5 显示了不同情况下被测试者的平均反应时变化趋势。

表 7-4　实验 2 中各种情况下的平均反应时（RT）和标准差（SD）

| | 300ms SOA | | | | 600ms SOA | | | |
| | 有效 | | 无效 | | 有效 | | 无效 | |
	RT	SD	RT	SD	RT	SD	RT	SD
左右显示的字母线索								
前次有效	392.8	60.0	418.0	76.8	389.6	60.0	424.3	70.6
前次无效	394.7	61.0	436.5	87.2	390.7	57.9	417.2	66.3
上下显示的字母线索								
前次有效	340.9	30.2	348.3	31.6	341.4	38.7	352.5	38.5
前次无效	344.7	30.0	337.7	31.7	342.8	42.5	352.6	36.6

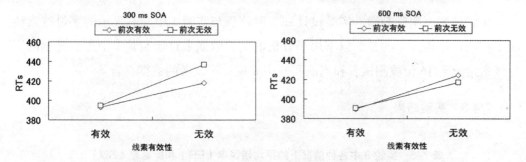

图 7-4　实验 2 中左右显示的双字母线索情况下的平均反应时变化趋势图

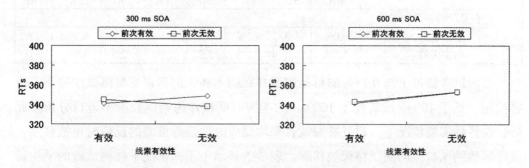

图 7-5　实验 2 中上下显示的双字母线索情况下的平均反应时变化趋势图

7.4 实验 3

在实验 1 和实验 2 中，左右显示的双字母线索并未引起显著的时序效应。为了排除这一结果源于实验 1 和实验 2 中相对较小的样本量，实验 3 在实验 1 中左右显示的字母线索情况下的 16 位被测试者基础上追加测试了 8 位被测试者。这 24 位被测试者的数据被用于分析字母线索刺激左右显示情况下的时序效应。

7.4.1 被测试者

8 名大学生参加了本次实验（平均年龄为 24.75 岁，年龄区间为 24 ~ 26 岁，其中 3 人为女性）。所有的被测试者都具有正常或者已矫正的视力，并且对实验的目的完全不知情。

7.4.2 实验装置、实验刺激、实验设计和实验流程

实验装置、实验刺激、实验设计和实验流程与实验 1 中左右显示的字母线索情况下相同。值得注意的是，以下用于分析的实验数据来自于实验 1 中左右显示的字母线索情况下 16 位被测试者和当前实验中 8 位被测试者的数据总合。

7.4.3 实验结果

表 7-5　实验 3 中各种情况下的平均错误率（ER）和标准差（SD）

	300ms SOA				600ms SOA			
	有效		无效		有效		无效	
	ER	SD	ER	SD	ER	SD	ER	SD
左右显示的字母线索								
前次有效	6.0%	1.9	6.2%	3.3	5.4%	2.1	4.9%	2.6
前次无效	5.6%	3.0	5.2%	5.2	5.8%	2.0	4.3%	5.0

被测试者错过了约 0.23% 的目标刺激并在约 4.38% 的错误捕捉测试中按下了应答按钮。低于 100ms 或者高于 1000ms 的响应时间被作为错误数据不进行分析。此外，在各种实验情况下，超过被测试者平均反应时两倍标准差的反应时也被移除。最终导致约 5.47% 的测试结果被移除。表 7-5 显示了不同情况下被测试者的平均错误率。

表 7-6 显示了不同情况下被测试者的平均反应时。2（前次线索有效性）× 2（当前线索有效性）× 2（SOA）的重复测量方差分析（ANOVA）被用于分析反应

时数据。当前线索有效性的主效应显著，$F_{(1, 23)}=6.905$，$P<.015$，说明产生了线索提示效应。前次线索有效性的主效应显著，$F_{(1, 23)}=5.688$，$P<.026$，说明上下显示的字母线索情况下的反应时比左右显示的字母线索情况下要快。SOA 的主效应显著，$F_{(1, 23)}=5.319$，$P<.030$，表明当 SOA 变长时反应时变短。然而，前次线索有效性和当前线索有效性的交互作用未达到显著，$F_{(1, 23)}=0.387$，$P=.540$。没有其他因素或者交互达到显著。实验结果表明，左右显示的字母线索并未引起显著的时序效应。图 7–6 显示了不同情况下被测试者的平均反应时变化趋势。

表 7–6　实验 3 中各种情况下的平均反应时（RT）和标准差（SD）

	300ms SOA				600ms SOA			
	有效		无效		有效		无效	
	RT	SD	RT	SD	RT	SD	RT	SD
左右显示的字母线索								
前次有效	380.5	58.6	421.2	102.4	368.4	57.5	418.7	103.6
前次无效	390.9	61.3	432.1	125.5	372.0	60.6	417.4	107.0

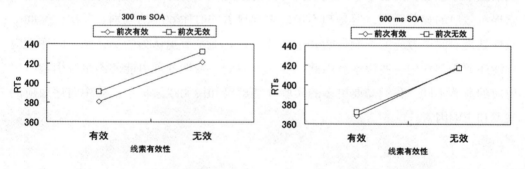

图 7–6　实验 3 中左右显示的双字母线索情况下的平均反应时变化趋势图

7.5　讨　论

为了检测空间一致性对对称双字母线索所引起的线索提示效应和时序效应的影响，本研究进行了三个实验。在实验中被测试者参加左右显示或者上下显示的双字母线索提示任务之一。实验 1 和实验 2 的区别在于线索刺激的显示时间，实验 1 中的线索刺激在显示后一直保持在屏幕上，直至目标刺激出现后被测试者按下按钮或者当前测试结束，而实验 2 中的线索刺激只显示 100ms，线索刺激和目标刺激不会同时显示在屏幕上。实验 3 在实验 2 中左右显示的字母线索情况下的 16 位被测试者基础上追加测试了 8 位被测试者，用于排除实验结果源于实验 1 和实验 2 中相对较小的样本量的可能性。实验结果显示，不同线索情况下的线索提示效应确实具有显著区别。具体来说，左右显示的字母线索引起了比上下显示的字母线索更强的线索提示效应。这一发现与前人针对空间一致性的研究结果相符合。确实，左右显示的双字母刺激（如在中心注视点左右两边同时显示的两个字母"X＋X"）虽然在视觉上是对称的，但是线索和目标之间的空间一致性关联仍然可能发生。这是因为当字母线索"X＋X"（或"T＋T"）指示目标位置更可能出现在左或右时，在左边出现的目标能够和在屏幕左边显示的字母"X"发生空间一致性关联（虽然在屏幕右边还有一个字母"X"），而在右边出现的目标能够和在屏幕右边显示的字母"T"发生空间一致性关联（虽然在屏幕左边还有一个字母"T"）。但是这一空间一致性在上下显示的双字母刺激情况下却不可能出现，最终导致线索提示效应的减弱。

　　虽然在两种线索类型情况下，线索提示效应的强弱确实具有显著的不同，但是当前研究却未发现两种线索类型下的时序效应具有显著的不同，产生这一结果的原因有以下几种可能。首先，时序效应的计算是基于线索提示效应的，其敏感性就比线索提示效应低。实验中不同线索情况下的空间一致性处理的差异可能足以引起线索提示效应的显著区别，但是却不足以引起显著的时序效应的区别。其次，空间一致性处理对时序效应的影响可能并不如我们在其他章节里认为的那么强，时序效应可能还源于其他的一些因素。因此，仅改变空间一致性处理可能还不足以引起时序效应的显著不同。我们需要更多的实验才能解释和说明线索提示任务中时序效应的来源和影响因素。

参考文献

Lambert A, Duddy M. (2002). Visual orienting with central and peripheral precues: Deconfounding the contributions of cue eccentricity, cue discrimination and spatial correspondence. Visual Cognition, 9 (3) :303-336.

Lambert A, Roser M, Wells I, et al. 2006. The spatial correspondence hypothesis and orienting in response to central and peripheral spatial cues. Visual Cognition, 13 (1) :65-88.

Shin M J, Marrett N, Lambert A J. (2011). Visual orienting in response to attentional cues: spatial correspondence is critical, conscious awareness is not. Visual Cognition, 19 (6) : 730-761.

附　录

表 7-7　实验 1 中各种情况下的平均反应时（RT）、平均错误率（ER）和标准差（SD）

	RTs				ERs			
	有效		无效		有效		无效	
	RT	SD	RT	SD	ER	SD	ER	SD
左右显示的字母线索								
前次有效	349.5	40.6	401.0	105.4	6.0%	1.8	5.5%	3.3
前次无效	358.8	46.0	403.7	118.2	4.7%	1.8	5.9%	3.9
上下显示的字母线索								
前次有效	383.9	70.4	396.2	65.4	5.5%	1.5	6.1%	1.8
前次无效	386.9	68.2	390.2	70.8	5.9%	2.3	4.6%	2.5

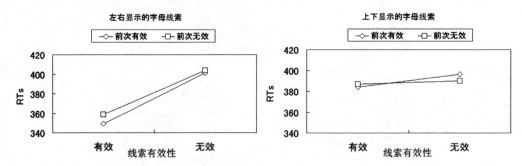

图 7-7　实验 1 中左右显示和上下显示的双字母线索情况下的平均反应时变化趋势图

表 7-8　实验 2 中各种情况下的平均反应时（RT）、平均错误率（ER）和标准差（SD）

	RTs				ERs			
	有效		无效		有效		无效	
	RT	SD	RT	SD	ER	SD	ER	SD
左右显示的字母线索								
前次有效	391.4	59.5	422.3	71.3	4.7%	1.2	5.2%	2.1
前次无效	392.3	59.4	426.0	81.1	5.3%	2.0	5.8%	3.7
上下显示的字母线索								
前次有效	341.0	33.6	350.7	33.3	5.2%	1.4	5.7%	1.6
前次无效	344.0	35.3	347.2	30.3	5.1%	1.5	4.4%	4.1

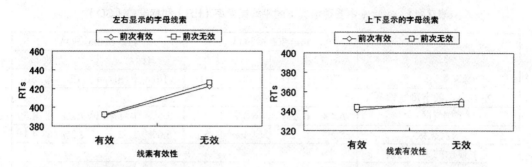

图 7-8　实验 2 中左右显示和上下显示的双字母线索情况下的平均反应时变化趋势图

表 7-9　实验 3 中各种情况下的平均反应时（RT）、平均错误率（ER）和标准差（SD）

	RTs				ERs			
	有效		无效		有效		无效	
	RT	SD	RT	SD	ER	SD	ER	SD
左右显示的字母线索								
前次有效	374.1	56.2	420.9	103.1	5.7%	1.6	5.2%	2.8
前次无效	382.6	58.6	423.8	114.4	4.7%	2.0	5.9%	3.7

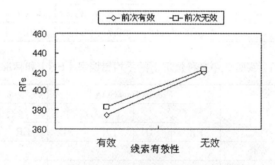

图 7-9　实验 3 中左右显示的双字母线索情况下的平均反应时变化趋势图

表 7-10　实验 1 中各种情况下的平均反应时（RT）和标准差（SD）

	Pre-300ms SOA				Pre-600ms SOA			
	有效		无效		有效		无效	
	RT	SD	RT	SD	RT	SD	RT	SD
左右显示的字母线索								
前次有效	347.0	42.2	396.8	103.9	352.2	39.6	402.8	107.1
前次无效	355.7	46.9	401.3	117.7	361.2	46.5	402.1	111.3
上下显示的字母线索								
前次有效	381.1	73.3	393.5	66.6	387.7	68.4	399.9	64.4
前次无效	378.0	66.8	404.4	82.1	396.0	72.5	392.3	72.2

表 7-11 实验 1 中各种情况下的平均错误率（ER）和标准差（SD）

	Pre-300ms SOA				Pre-600ms SOA			
	有效		无效		有效		无效	
	ER	SD	ER	SD	ER	SD	ER	SD
左右显示的字母线索								
前次有效	6.4%	2.4	6.0%	3.7	5.5%	1.9	7.2%	4.3
前次无效	5.2%	1.9	4.4%	5.1	5.6%	2.9	2.2%	4.1
上下显示的字母线索								
前次有效	5.8%	2.2	6.6%	1.9	4.7%	1.2	5.9%	3.2
前次无效	6.4%	2.8	2.3%	3.7	5.8%	3.1	2.4%	3.9

表 7-12 实验 2 中各种情况下的平均反应时（RT）和标准差（SD）

	Pre-300ms SOA				Pre-600ms SOA			
	有效		无效		有效		无效	
	RT	SD	RT	SD	RT	SD	RT	SD
左右显示的字母线索								
前次有效	389.4	59.9	422.5	73.4	392.5	60.9	422.2	69.5
前次无效	390.5	59.7	426.7	86.0	395.3	57.9	430.0	77.7
上下显示的字母线索								
前次有效	338.2	32.3	347.6	33.5	343.9	35.6	352.8	35.2
前次无效	340.8	35.3	350.7	34.1	346.3	34.3	346.4	33.1

表 7-13 实验 2 中各种情况下的平均错误率（ER）和标准差（SD）

	Pre-300ms SOA				Pre-600ms SOA			
	有效		无效		有效		无效	
	ER	SD	ER	SD	ER	SD	ER	SD
左右显示的字母线索								
前次有效	5.5%	1.9	5.7%	3.6	5.0%	0.9	5.4%	1.6
前次无效	5.1%	2.4	3.9%	5.4	5.2%	2.8	4.6%	5.0
上下显示的字母线索								
前次有效	5.1%	1.7	6.4%	1.9	5.2%	1.9	5.2%	2.0
前次无效	4.5%	1.6	6.3%	6.4	6.3%	2.9	3.2%	4.6

表 7-14 实验 3 中各种情况下的平均反应时（RT）和标准差（SD）

	Pre-300ms SOA				Pre-600ms SOA			
	有效		无效		有效		无效	
	RT	SD	RT	SD	RT	SD	RT	SD
左右显示的字母线索								
前次有效	371.4	56.3	416.7	101.6	377.1	56.9	421.9	103.6
前次无效	380.8	62.1	426.3	116.5	383.7	57.1	419.5	108.8

表 7–15　实验 3 中各种情况下的平均错误率（RT）和标准差（SD）

	Pre–300ms SOA				Pre–600ms SOA			
	有效		无效		有效		无效	
	ER	SD	ER	SD	ER	SD	ER	SD
左右显示的字母线索								
前次有效	5.9%	2.3	5.7%	3.3	5.4%	1.8	6.6%	3.7
前次无效	5.5%	2.5	3.5%	4.7	5.3%	2.9	3.6%	5.1

第八章 基于四方向的汉字线索提示任务
研究和分析

8.1 引 言

在第六章中我们发现了空间一致性在符号线索提示时序效应中的显著影响。具体来说，具有不对称视觉特征的图形或者字母线索（如箭头和字母"d"或者"b"）能够很容易和目标刺激的位置信息形成空间一致性关系（如字母"d"和左目标，字母"b"和右目标），这一空间关系被保存在短时记忆机制中，进而对接下来的注意分配过程产生影响，也就是说引起了前后测试之间的时序效应。然而，对于具有对称视觉特征的字母线索（如字母"X"）来说，其所指示的空间方位必须经过语义层次的转换才能在被测试者对目标位置进行检测的任务中起到指导作用。因此，空间一致性关系无法快速地形成，进而无法形成显著的时序效应。这一研究发现说明线索的视觉特征所引起的线索与目标位置之间的空间一致性处理在符号线索提示时序效应中起到了重要作用。但是，我们也发现了空间一致性并不是产生时序效应的必要条件。确实，在屏幕中心显示的中文汉字左或右所包含的视觉特征并不能引起空间一致性处理，但同样能够引起显著的时序效应。这一结果被归因于大脑在日常生活中对方向性文字信息的不断重复所引起的处理效率的加快。

方向性文字并不仅限于左和右，其他文字如上和下，同样能够指示空间中的方位。在符号线索提示相关研究中，已经有很多研究发现上下箭头或者上下视线同样能够引起自动的注意转移处理，产生线索提示效应（Chica、Martin-Arevalo、Botta和Lupianez，2014；Frischen、Bayliss和Tipper，2007）。为了进一步研究方向性文字所引起的线索提示效应和时序效应，当前研究进行了两个实验。在实验中采用了上、下、左和右共四个方向性文字刺激作为中心符号线索刺激，而目标刺激也可能出现在屏幕的上、下、左、右四个位置。两个实验的不同点在于符号线索显示的时间。实验1中的SOA（线索显示和目标显示的时间间隔）为600ms，而文字线索显示后一直保持在屏幕上，直到被测试者按下应答按钮或者当前测试结束；实验 2 中的文字线索仅显示 400ms，之后被中心注视刺激代替，500ms 后目标刺激显示，也就是说 SOA 为 900ms。线索刺激指示方位和目标位置的增加可以增加实验中组合类型的种类，使我们能够对更复杂情况下的线索提示效应和时序效应进行测量和分析，揭示其内在处理过程和生成原理。

8.2　实验 1

8.2.1　被测试者

20 名大学生参加了本次实验（平均年龄为 24.4 岁，年龄区间为 22~27 岁，其中 10 人为女性）。所有的被测试者都具有正常或者已矫正的视力，并且对实验的目的完全不知情。

8.2.2　实验装置

实验刺激被显示在一台刷新率为 60 赫兹的 LCD 显示器上。被测试者坐在离屏幕中心大约 57 厘米的位置上。

8.2.3　实验刺激

一个所占视角为 1.3° 的十字被显示在屏幕的中心作为中心注视点，并且在实验过程中一直被显示。中心线索刺激是中文汉字左、右、上和下。汉字显示时宽度和高度均为 3° 视角。目标刺激是宽 1°、高 1° 视角的星号，并被显示在离中心注视点 14° 视角远的屏幕的左、右、上、下位置。

8.2.4　实验设计

线索刺激和目标刺激的显示时间间隔 SOA 为 600ms。在每次试验中，线索指示方向以及目标位置都采取随机选择的方式。实验分成 6 个 block，每个 block 包括 100 次测试，每个 block 后被测试者可以进行短时间的休息。每个 block 中有 20 次测试为错误捕捉测试，即目标刺激不被显示的测试。被测试者被要求在目标刺激不显示的情况下不做应答，包括 20 次用于练习的测试，每位被测试者总共需要完成 620 次测试。每个 block 第一次测试的反应时以及紧跟在错误捕捉测试之后测试的反应时被排除，不计入数据分析阶段。

8.2.5 实验流程

在每次测试中，被测试者集中注意于屏幕中心。首先，中心注视点显示在屏幕中心并保持 1000ms，然后线索刺激显示。在 600ms SOA 时间间隔之后，目标字母 "X" 呈现在屏幕上直到被测试者按下应答按钮或者呈现时间超过 1500ms。被测试者的任务是对目标刺激的出现做出正确、快速的反应，按下应答按钮（键盘上的 "SPACE" 按钮）。被测试者已被告知中心线索刺激中的文字指示方向并不能预测目标刺激出现的具体位置，线索指示方位、目标出现的位置都是随机选择的。

8.2.6 实验结果

被测试者错过了约 0.1979% 的目标刺激并在约 1.4% 的错误捕捉测试中按下了应答按钮。低于 100ms 或者高于 1000ms 的响应时间被作为错误数据不进行分析。此外，在各种实验情况下，超过被测试者平均反应时两倍标准差的反应时也被移除。最终导致约 5.14% 的测试结果被移除。表 8-1、8-3 显示了不同情况下被测试者的平均错误率。

表 8-1　实验 1 中各种情况下的平均反应时（RT）、平均错误率（ER）和标准差（SD）

	RTs				ERs			
	有效		无效		有效		无效	
	RT	SD	RT	SD	ER	SD	ER	SD
前次有效	382.5	59.7	376.7	51.6	5.5%	3.1	4.9%	1.6
前次无效	374.0	49.9	377.1	52.1	5.4%	2.3	4.5%	1.0

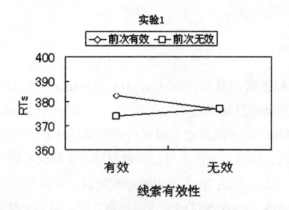

图 8-1　实验 1 中各种情况下的平均反应时变化趋势图

表 8–1 显示了不同情况下被测试者的平均反应时。2（前次线索有效性）×2（当前线索有效性）的重复测量方差分析（ANOVA）被用于分析相应情况下的反应时。没有因素或者交互达到显著（Ps>.084）。图 8–1 显示了不同情况下被测试者的平均反应时变化趋势。

如果考虑线索无效情况下线索和目标组合方式，线索无效可以分成两种：无效且相反，例如线索指示左，而目标出现在右；无效且相邻，例如线索指示左，而目标出现在上或者下。为了探索线索无效类型的影响，2（前次线索有效性：有效、无效且相反、无效且相邻）×2（当前线索有效性：有效、无效且相反、无效且相邻）的重复测量方差分析（ANOVA）被用于分析相应情况下的反应时。然而，结果表明没有因素或者交互达到显著（Ps>.249）。表 8–2 显示了不同情况下被测试者的平均反应时。

表 8–2　实验 1 中各种情况下的平均反应时（RT）和标准差（SD）

	RTs					
	有效		无效且相反		无效且相邻	
	RT	SD	RT	SD	RT	SD
前次有效	382.5	59.7	375.0	51.4	376.8	51.8
前次无效且相反	373.0	51.5	378.2	53.3	378.3	50.0
前次无效且相邻	374.9	51.0	376.1	54.9	376.8	54.4

表 8–3　实验 1 中各种情况下的平均错误率（ER）和标准差（SD）

	ERs					
	有效		无效且相反		无效且相邻	
	ER	SD	ER	SD	ER	SD
前次有效	5.5%	3.1	5.7%	3.0	5.6%	2.2
前次无效且相反	5.1%	2.4	4.6%	4.0	4.7%	1.9
前次无效且相邻	5.8%	2.8	4.3%	1.6	5.2%	1.9

8.3　实验 2

8.3.1　被测试者

20 名大学生参加了本次实验（平均年龄为 24.95 岁，年龄区间为 23 ~ 27 岁，其中 10 人为女性）。所有的被测试者都具有正常或者已矫正的视力，并且对实验的目的完全不知情。

8.3.2 实验装置、实验刺激和实验设计

除以下区别外，实验装置、实验刺激和实验设计与实验 1 相同。线索刺激和目标刺激的显示时间间隔 SOA 为 900ms，而线索刺激只显示 400ms，之后被中心注视刺激取代。

8.3.3 实验流程

在每次测试中，被测试者集中注意于屏幕中心。首先，中心注视点显示在屏幕中心并保持 1000ms，然后线索刺激显示。400ms 之后，线索刺激被中心注视点取代。在 500ms 时间间隔之后，目标字母 "X" 呈现在屏幕左边或者右边直到被测试者按下应答按钮或者呈现时间超过 1500ms。被测试者的任务是对目标刺激的出现做出正确、快速的反应，并按下应答按钮。被测试者已被告知中心线索刺激中的箭头方向和其显示方式并不能预测目标刺激出现的具体位置，线索指示方位、目标出现的位置都是随机选择的。

8.3.4 实验结果

被测试者错过了约 0.42% 的目标刺激并在约 0.58% 的错误捕捉测试中按下了应答按钮。低于 100ms 或者高于 1000ms 的响应时间被作为错误数据不进行分析。此外，在各种实验情况下，超过被测试者平均反应时两倍标准差的反应时也被移除。最终导致约 5.1342% 的测试结果被移除。表 8-4、8-5 显示了不同情况下被测试者的平均错误率。

表 8-4 实验 2 中各种情况下的平均反应时（RT）、平均错误率（ER）和标准差（SD）

	RTs				ERs			
	有效		无效		有效		无效	
	RT	SD	RT	SD	ER	SD	ER	SD
前次有效	396.5	64.2	397.6	52.3	4.3%	4.1	5.5%	2.1
前次无效	395.6	57.6	395.7	53.9	5.1%	1.6	5.5%	1.3

表 8-5 实验 2 中各种情况下的平均错误率（ER）和标准差（SD）

	ERs					
	有效		无效且相反		无效且相邻	
	ER	SD	ER	SD	ER	SD
前次有效	4.3%	4.1	4.9%	1.5	6.3%	2.3

前次无效且相反	5.8%	3.0	5.3%	2.6	6.1%	1.7
前次无效且相邻	4.9%	1.8	5.5%	2.1	5.5%	1.4

图 8-2 显示了不同情况下被测试者的平均反应时。2（前次线索有效性）×2（当前线索有效性）的重复测量方差分析（ANOVA）被用于分析相应情况下的反应时。与实验 1 中的结果类似，没有因素或者交互达到显著（Ps>.622）。

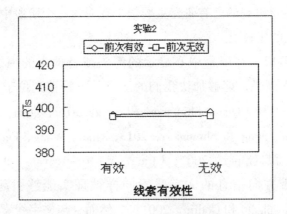

图 8-2　实验 2 中各种情况下的平均反应时变化趋势图

为了探索线索无效类型的影响，2（前次线索有效性：有效、无效且相反、无效且相邻）×2（当前线索有效性：有效、无效且相反、无效且相邻）的重复测量方差分析（ANOVA）被用于分析相应情况下的反应时。然而，结果表明没有因素或者交互达到显著（Ps>.726）。表 8-6 显示了不同情况下被测试者的平均反应时。

表 8-6　实验 2 中各种情况下的平均反应时（RT）和标准差（SD）

	RTs					
	有效		无效且相反		无效且相邻	
	RT	SD	RT	SD	RT	SD
前次有效	396.5	64.2	398.5	52.0	396.8	54.1
前次无效且相反	396.2	60.0	395.2	60.0	398.8	55.5
前次无效且相邻	394.9	57.4	394.6	55.4	396.9	55.0

8.4　讨　论

在日常生活中，只要我们的眼睛一睁开就无时无刻不在获取外界的视觉信息，然而人脑对信息的处理是有容量限制的，我们不可能对进入眼睛的所有信息都进行细致的处理。大脑中的视觉注意机制帮助我们对相关的或者重要的外界视觉刺激进行选择性处理，而忽略其他无关或者不重要的刺激。对人脑视觉注意机制的研究从来都是视觉认知研究的重点。人脑视觉注意系统对注意资源的分配一般分为三个阶段：选择、保持和转移。选择指的是某些重要事物（如控制台上的红色按钮）能够吸引我们的注意焦点到其所在位置，保持指的是重要事物获得我们的注意焦点之后对注意脱离的延缓作用，而转移指的是注意焦点在外界刺激的影响下再次进行分配的过程。这三个阶段是视觉注意从前一时间到后一时间在视野中分配和再分配的必经过程。对视觉注意机制的已有研究主要集中在对这三个阶段中各种视觉刺激所引起的注意资源分配的比较上。

在注意转移阶段，在屏幕中心显示的箭头或者他人的视线已经被证明是一种有效的视觉线索刺激，能够加快我们的注意焦点转移到位于视线方向相同方向的其他刺激的过程（Qian、Shinomori 和 Song，2012；Qian、Song、Shinomori 和 Wang，2012；Qian、Song 和 Shinomori，2013；Qian、Wang、Feng 和 Song，2015；Frischen、Bayliss 和 Tipper，2007；Chica、Martin-Arevalo、Botta 和 Lupianez，2014）。另外，带方向信息的文字线索同样被证实能够引起注意的自动转移（Hommel、Pratt、Colzato 和 Godijn，2001）。然而，与文字线索相关的研究却比较少，并且也没有研究对文字线索所引起的时序效应进行测量。

为了检测汉字线索引起的线索提示效应和时序效应，本研究进行了相应的实验。与第六章中的实验不同之处在于汉字线索指示方向和目标位置有四种：上、下、左、右。实验 1 和实验 2 的不同点在于符号线索显示的时间。实验 1 中的 SOA（线索显示和目标显示的时间间隔）为 600ms，而文字线索显示后一直保持在屏幕上，直到被测试者按下应答按钮或者当前测试结束；实验 2 中的文字线索仅显示 400ms，之后被中心注视刺激代替，500ms 后目标刺激显示，也就是说 SOA 为 900ms。研究结果表明，线索提示效应和时序效应都未达到显著。这一结果的产生有以下几种可能。首先，前人的研究已经表明某些中心符号线索（如字母等）引起的线索提示效应比其他线索（如箭头等）要弱，特别是当线索对目标位置没有预测作用的情况下。其次，线索刺激指示方位和目标位置的增加提高了实验任务的复杂性，可能导致被测试者不能很好地对汉字线索刺激进行感知。最后，实验中的汉字线索对目标出现位置没有预测作用，这就减弱了被测试者对汉字刺激进行识别的意愿，最终减弱了其所能引起的线索提示效应。时序效应的计算是基于线索提示效应的，故也不显著。

参考文献

Chica, A.B., Martin-Arevalo, E., Botta, F., & Lupianez, J.（2014）.The Spatial Orienting paradigm：how to design and interpret spatial attention experiments. Neurosci Biobehav Rev, 40, 35-51.doi：10.1016/j.neubiorev.2014.01.002.

Frischen, A., Bayliss, A.P., & Tipper, S.P.（2007）.Gaze cueing of attention：visual attention, social cognition, and individual differences.Psychol Bull, 133（4）, 694-724.doi：10.1037/0033-2909.133.4.694.

Qian, Q, Shinomori, K. & Song, M.（2012）.Sequence effects by non-predictive arrow cues, Psychological Research, Vol.76, No.3, 253-262.

Qian, Q., Song, M., Shinomori, K., & Wang, F.（2012）.The functional role of alternation advantage in the sequence effect of symbolic cueing with nonpredictive arrow cues, Attention, Perception, & Psychophysics, Vol.74, No.7, 1430-1436, 2012.

Qian, Q., Song, M., & Shinomori, K.（2013）.Gaze cueing as a function of perceived gaze direction, Japanese Psychological Research.Vol.55, No.3, 264-272.

Qian, Q., Wang, F., Feng, Y., & Song, M.（2015）.Spatial organisation between targets and cues affects the sequence effect of symbolic cueing.Journal of Cognitive Psychology, 27（07）, 2015, pp 855-865.

Hommel, B., Pratt, J., Colzato, L., & Godijn, R.（2001）.Symbolic control of visual attention.Psychological Science, 12, 360-365.

第九章　箭头线索提示时序效应不能归因于低层特征整合

9.1 引　言

越来越多的研究表明，线索提示任务中存在一种前次测试线索提示状态对当前线索提示过程产生影响的现象（Dodd 和 Pratt，2007；Jongen 和 Smulders，2007；Gómez、Flores、Digiacomo 和 Vázquez-Marrufo，2009；Gómez 和 Flores，2011；Qian、Shinomori 和 Song，2012）。具体来说，如果前一次测试中线索的提示是有效的，后一次测试中的线索提示效应将增大，而如果前一次测试中线索提示无效，后一次测试中线索提示效应将减小。针对这一时序效应现象有多种解释。最早提出的解释是自动记忆获取假说和短时策略调整假说。自动记忆获取假说认为时序效应的产生是基于对前次测试类型的自动获取而产生的，而短时策略调整假说则认为时序效应源于被测试者根据前次测试中线索的有效性动态的改变当前测试中利用线索刺激的程度。后来的研究者证实，时序效应的产生并不依赖于被测试者对线索刺激的主动利用，因为对目标刺激出现位置没有预测作用的线索刺激同样能够引起显著的时序效应（Qian、Shinomori 和 Song，2012；Qian、Song、Shinomori 和 Wang，2012；Qian、Wang、Feng 和 Song，2015）。同时，由于自动记忆获取假说过于简单，导致其不能对时序效应的内在机制进行详细的解释和分析，著名的特征整合假说（Hommel 和 Colzato，2004；Hommel、Proctor 和 Vu，2004）被后来的研究者们用于对时序效应进行深入的解释和分析。

根据特征整合假说，如果某刺激和对该刺激的应答在时间上同时出现，则该刺激和应答的特征（至少是与任务相关的特征）将自发地整合在一起，形成一种短暂的记忆表征（或者叫做"event file"）。由此，当这一整合的特征在下一次试验中完全重复或者完全改变时，被测试者完成实验任务的效率将加快或者没有改变，但是，当整合的特征仅有一部分在下一次试验中重复时，就会与之前的记忆表征产生冲突，导致被测试者完成实验任务的效率减慢。用相同的假说对线索提示任务中的特征整合过程进行解释的话，线索提示时序效应可以解释为如下过程。在整个实验过程中，某次试验中线索刺激指示方位和目标刺激出现位置形成了一种空间组合关系（例如一个指向左的线索刺激和一个在左边出现的目标刺激），这一空间组合关系在前后试验具有相同试验类型的情况下完全重复（左线索和左目标）或者完全改变（右线索和右目标），但是在试验类型不同的情况下则仅有一部分重复（左线索和右目标，或者右线索和左目标）。最终导致前后试验中试验类型重复的情况下反应时加快，这一现象表现在线索提示效应的强弱上就是前次试验为线索有效时的线索提示效应比前次试验为线索无效时的线索提示效应要强。

特征整合假说对线索提示时序效应做出了较为详细和合理的解释。但是，目前仍然有一些研究问题未获得回答。例如，假如时序效应确实源于线索刺激和目标刺激所包含特征的整合，那么这一特征是基于低层特征（即具体的线索指示方向和目标位置）还是刺激之间的高层空间关系（即线索指示方向和目标位置一致还是不一致）呢？当前研究针对这一问题进行深入的分析。具体来说，箭头指示方向和目标位置增加到上、下、左、右四种。因此，前后测试之间箭头指示方向所在水平或者垂直轴可能重复，也可能改变。当轴重复时，具体的线索指示方向和目标位置就有可能完全重复，即低层特征整合成为可能；当轴改变时，只有线索刺激和目标刺激之间的高层空间关系（即一致或者不一致）有可能重复，而低层特征将总是改变。如果时序效应源于低层特征整合，那么当轴改变时就应该不会产生显著的时序效应；如果时序效应基于刺激之间的高层空间一致性，那么不管轴重复或者改变都应该产生显著的时序效应，并且时序效应的大小应该一致。

9.2　实　验

9.2.1　被测试者

30 名大学生参加了本次实验（平均年龄为 24.8 岁，年龄区间为 19~31 岁，其中 13 人为女性）。所有的被测试者都具有正常或者已矫正的视力，并且对实验的目的完全不知情。

9.2.2　实验装置

实验刺激被显示在一台刷新率为 60 赫兹的 LCD 显示器上。被测试者坐在离屏幕中心大约 57 厘米的位置上，被测试者的头部在实验过程中被固定在一个额托上以防止不必要的头部运动。

9.2.3 实验刺激

一个所占视角为 1.3° 的十字被显示在屏幕的中心作为中心注视点。线索刺激是指向上、下、左、右的箭头形状刺激，由一条长 2.5° 视角的中心线和添加在水平线两端的箭头形状的头和尾组成。从箭头的头到尾的总长度为 3.2° 视角。目标刺激是宽 1°、高 1° 视角的大写字母 "X"，并被显示在离中心注视点 14° 视角远的屏幕的左、右、上、下位置。四个正方形被显示在目标刺激可能出现的四个位置处作为目标位置提示图形，并在实验过程中一直被显示。

9.2.4 实验设计

线索刺激和目标刺激的显示时间间隔 SOA 为 300ms 和 600ms。在每次试验中，箭头方向、目标位置以及 SOA 都采取随机选择的方式。但是一旦箭头方向选定之后，目标位置将始终位于与箭头方向相同的轴上。例如，对于一个指向左的箭头，目标位置只可能为左或者右，而不会是上或者下。实验分成 6 个 block，每个 block 包括 100 次测试，每个 block 后被测试者可以进行短时间的休息。每个 block 中有 20 次测试为错误捕捉测试，即目标刺激不被显示的测试。要求被测试者在目标刺激不显示的情况下不做应答，包括 20 次用于练习的测试，每位被测试者总共需要完成 620 次测试。每个 block 的第一次测试的反应时以及紧跟在错误捕捉测试之后的测试的反应时被排除，不计入数据分析阶段。

9.2.5 实验流程

在每次测试中，被测试者集中注意于屏幕中心。首先，中心注视点显示在屏幕中心并保持 1000ms，然后线索刺激显示。在某个 SOA 时间间隔之后，目标字母 "X" 呈现在屏幕上四个正方形图形中的一个，直到被测试者按下应答按钮或者呈现时间超过 1200ms。被测试者的任务是对目标刺激的出现做出正确、快速的反应，按下应答按钮（键盘上的 "SPACE" 按钮）。被测试者已被告知中心线索刺激中的箭头指示方向并不能预测目标刺激出现的具体位置，线索指示方位、目标出现的位置都是随机选择的。

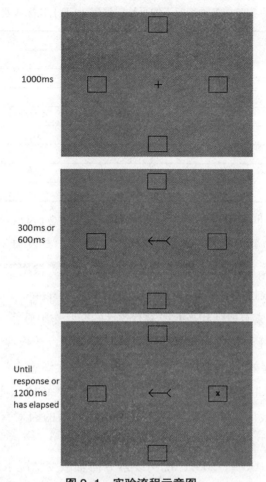

图 9-1 实验流程示意图

说明：图中为一次线索无效的测试，并且线索方向轴为水平。

9.2.6 实验结果

被测试者错过了约 0.271% 的目标刺激并在约 2.361% 的错误捕捉测试中按下了应答按钮。低于 100ms 或者高于 1000ms 的响应时间被作为错误数据不进行分析。此外，在各种实验情况下，超过被测试者平均反应时两倍标准差的反应时也被移除。最终导致约 5.625% 的测试结果被移除。表 9-1 显示了不同情况下被测试者的平均错误率。

表 9-1　实验中各种情况下的平均错误率（ER）和标准差（SD）

| | 300ms SOA | | | | 600ms SOA | | | |
| | 有效 | | 无效 | | 有效 | | 无效 | |
	ER	SD	ER	SD	ER	SD	ER	SD
线索方向轴重复								
前次有效	4.8%	3.3	5.4%	2.4	6.3%	4.5	5.6%	3.8
前次无效	5.5%	3.2	5.6%	3.1	5.0%	2.4	5.9%	3.5
线索方向轴改变								
前次有效	5.7%	3.4	5.5%	2.7	5.6%	3.6	6.0%	3.4
前次无效	4.9%	2.5	5.3%	2.8	6.5%	3.5	5.5%	3.0

　　表 9-2 显示了不同情况下被测试者的平均反应时。2（SOA：300ms 和 600ms）×2（线索方向轴：重复和改变）×2（前次线索有效性：有效和无效）×2（当前线索有效性：有效和无效）的重复测量方差分析（ANOVA）被用于分析相应情况下的反应时。当前线索有效性的主效应显著，$F_{(1, 30)}=23.948$，$P<.001$，说明产生了线索提示效应。前次线索有效性和当前线索有效性的交互作用显著，$F_{(1, 30)}=8.254$，$P=0.007$，说明线索提示效应在前次线索有效情况下比在前次线索无效情况下更强，即产生了典型的时序效应。然而，线索方向轴 × 前次线索有效性 × 当前测试线索有效性的交互作用未达到显著，$F_{(1, 30)}=2.372$，$P=0.134$，说明线索方向轴的重复或者改变对时序效应没有显著影响。其他达到显著的因素有：SOA 的主效应，$F_{(1, 30)}=41.330$，$P<.001$，说明较长 SOA 情况下的 RT 较短；线索方向轴的主效应，$F_{(1, 30)}=18.036$，$P<.001$，说明线索方向轴改变情况下的 RT 较短。没有其他因素或者交互达到显著。

表 9-2　实验中各种情况下的平均反应时（RT）和标准差（SD）

| | 300ms SOA | | | | 600ms SOA | | | |
| | 有效 | | 无效 | | 有效 | | 无效 | |
	RT	SD	RT	SD	RT	SD	RT	SD
线索方向轴重复								
前次有效	367.8	38.5	381.0	33.7	344.7	41.8	360.9	37.6
前次无效	369.5	38.6	375.5	42.4	353.8	37.7	357.9	38.8
线索方向轴改变								
前次有效	363.6	40.9	374.1	36.6	341.5	41.4	355.4	39.9
前次无效	367.7	41.4	372.8	35.0	342.3	41.6	354.6	38.2

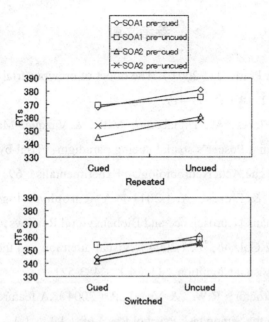

图 9-2 实验中不同情况下的平均反应时变化趋势图

说明：SOA1 为 300ms，SOA2 为 600ms。

9.3 讨 论

当前研究针对箭头线索提示任务中的时序效应进行了测量。由于增加了线索方向和目标位置的类型，前后测试之间线索方向所在轴可能重复，也可能改变。当轴重复时，具体的线索指示方向和目标位置就有可能完全重复，即低层特征整合成为可能；当轴改变时，只有线索刺激和目标刺激之间的高层空间关系（即一致或者不一致）有可能重复，而低层特征将总是改变。实验结果表明，在线索方向轴重复或改变两种情况下都产生了显著的时序效应，并且时序效应的大小没有显著区别。这一结果说明，在时序效应中起到作用的特征整合过程源于刺激之间的高层空间一致性，而不是基于具体的线索指示方向和目标位置的低层特征的整合。

参考文献

Dodd, M.D., & Pratt, J. (2007). The effect of previous trial type on inhibition of return. Psychol Res, 71 (4), 411-417.

Gómez, C.M., Flores, A., Digiacomo, M.R., & Vázquez-Marrufo, M. (2009). Sequential P3 effects in a Posner's spatial cueing paradigm: Trial-by-trial learning of the predictive value of the cue. Acta Neurobiologiae Experimentalis, 69, 155-167.

Gómez, C.M., & Flores, A. (2011). A neurophysiological evaluationof a cognitive cycle in humans. Neuroscience and Biobehavioral Reviews, 35, 452-461.

Hommel, B., & Colzato, L. (2004). Visual attention and the temporal dynamics of feature integration. Visual Cognition, 11 (4), 483-521.

Hommel, B., Proctor, R.W., & Vu, K.P. (2004). A feature-integration account of sequential effects in the Simon task. Psychol Res, 68 (1), 1-17.

Jongen, E.M., & Smulders, F.T. (2007). Sequence effects in a spatial cueing task: endogenous orienting is sensitive to orienting in the preceding trial. Psychol Res, 71 (5), 516-523.

Qian, Q., Shinomori, K., & Song, M. (2012). Sequence effects by non-predictive arrow cues. Psychol Res, 76 (3), 253-262. doi: 10.1007/s00426-011-0339-2.

Qian, Q., Song, M., Shinomori, K., & Wang, F. (2012). The functional role of alternation advantage in the sequence effect of symbolic cueing with nonpredictive arrow cues. Atten Percept Psychophys, 74 (7), 1430-1436. doi: 10.3758/s13414-012-0337-5.

Qian, Q., Wang, F., Feng, Y., & Song, M. (2015). Spatial organisation between targets and cues affects the sequence effect of symbolic cueing. Journal of Cognitive Psychology, 27 (07), 855-865. doi: 10.1080/20445911.2015.1048249.

附　录

表9-3　实验中各种情况下的平均反应时（RT）、平均错误率（ER）和标准差（SD）

	RTs				ERs			
	有效		无效		有效		无效	
	RT	SD	RT	SD	ER	SD	ER	SD
线索方向轴重复								
前次有效	357.1	39.7	371.3	32.9	4.9%	2.7	5.2%	2.0
前次无效	361.2	36.4	366.1	38.4	5.0%	2.3	5.2%	2.4
线索方向轴改变								
前次有效	351.4	38.8	364.3	36.8	6.0%	2.0	5.5%	2.4
前次无效	354.5	39.8	364.4	34.6	5.3%	2.1	4.7%	2.1

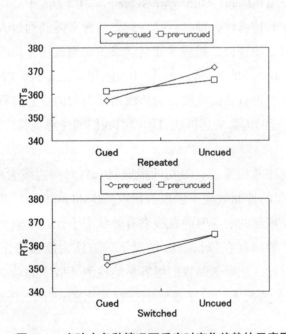

图9-3　实验中各种情况下反应时变化趋势的示意图

第十章 中心线索和周边线索所引起的线索时序效应对比

10.1 引 言

前面的章节主要集中于对中心线索（如箭头线索和视线线索）所引起的线索时序效应进行研究和报道（Qian、Shinomori 和 Song，2012）。中心线索所引起的注意转移被认为具有一定的特殊性，即其所隐含的方向含义需要通过人脑对图形或者文字含义的信息处理后才能获得，然后才能自动或主动地被用于影响注意分配的过程（Hommel、Pratt、Colzato 和 Godijn，2001；Ristic 和 Kingstone，2012）。而作为与中心线索相对的另外一种重要的线索，周边线索所引起的注意转移被认为是直接进行的，如出现在左视野的闪烁的边框能自动吸引我们的注意到其出现位置（Posner，1980）。

对于线索提示时序效应来说，最初的报道就来自对周边线索在 IOR（Inhibition of return，即响应时间的抑制效应）阶段的研究（Dodd 和 Pratt，2007）。这里的抑制效果指的是对目标刺激的响应时间在线索有效状态下比在线索无效状态下还要慢的现象。IOR 效应主要出现在较长 SOA 情况下，被认为能够防止注意被重复地分配到已经检测过的位置，从而帮助我们更容易地检测环境中的新事件。后来的研究报道了在较短的 SOA 情况下，时序效应仍然存在（Mordkoff、Halterman 和 Chen，2008）。

虽然根据文献史上的报道，中心线索和周边线索都能够引起线索时序效应，但两种时序效应是否完全相同还存在争议。例如，中心线索所引起的时序效应被发现受到线索指示方向（或相应的目标出现位置）在前后测试中重复或改变的显著影响（Qian、Song、Shinomori 和 Wang，2012），然而采用周边线索的研究却并未发现类似的现象（Dodd 和 Pratt，2007）。因此，在当前研究中，我们针对线索时序效应在中心线索和周边线索情况下不同 SOA 的影响进行了详细的测量，希望能够通过对数据的分析发现不同情况下时序效应的异同。当前实验共包括 3 个子实验。实验 1 采用了箭头线索来检测中心线索所引起的时序效应大小。实验 2 采用了经典的周边线索（突然闪烁的边框）和较短的 SOA 为实验设定。实验 3 则改变了实验 2 中周边线索显示的顺序和 SOA 来对 IOR 阶段的周边线索时序效应进行测量。

10.2　实　验

10.2.1　被测试者

31 名成年人参加了本次实验（平均年龄为 25.16 岁，年龄区间为 19 ～ 35 岁，其中 13 人为女性）。所有被测试者都参加了 3 个子实验，并且子实验的顺序是随机选择的。所有的被测试者都具有正常或者已矫正的视力，并且对实验的目的完全不知情。

10.2.2　实验装置

实验刺激被显示在一台刷新率为 60 赫兹的 LCD 显示器上。被测试者坐在离屏幕中心大约 57 厘米的位置上。被测试者的头部在实验过程中被固定在一个额托上以防止不必要的头部运动。

10.2.3　实验刺激

一个所占视角为 1.3° 的十字被显示在屏幕的中心作为中心注视点。目标刺激是宽 1°、高 1° 视角的字母 "X"，并被显示在离中心注视点 14° 视角远的屏幕的左边或者右边。一左一右两个正方形的方框标示出了目标刺激可能出现的左右位置。在实验 1 中，线索刺激是指向左或者右的箭头形状刺激，由一条长 2.5° 视角的中心水平线和添加在水平线前后的箭头形状的头和尾组成。从箭头的头到尾的总长度为 3.2° 视角。在实验 2 和实验 3 中，线索刺激是突然变粗又变回原样的正方形的边框。线索刺激出现之后，实验 3 中的中心十字同样会突然变粗又变回原样，用于把受到周边线索影响的注意吸引回中心注视点，以便于 IOR 效应的产生。

10.2.4　实验设计

实验 1 中线索刺激和目标刺激的显示时间间隔 SOA 为 300ms 和 600ms。实验 2 中的 SOA 为 50ms，而实验 3 中的 SOA 为 700ms。在每次试验中，线索方向、目标位置以及 SOA 都采取随机选择的方式。实验分成 4 个 block，每个 block 包括 100 次测试，每个 block 后被测试者可以进行短时间的休息。每个 block 中有 20 次测试为错误捕捉测试，即目标刺激不被显示的测试。要求被测试者在目标刺激不显示的情况下不做应答，包括每个实验 20 次用于练习的测试，每位被测试者总共需要完成 1260 次测试。每个 block 的第一次测试的反应时以及紧跟在错误捕捉测试之后的测试的反应时被排除，不计入数据分析阶段。

10.2.5　实验流程

在每次测试中，被测试者集中注意于屏幕中心。实验 1 的流程如下：首先中心注视点显示在屏幕中心并保持 1000ms，然后箭头线索刺激被显示并保持在屏幕上直到本次测试结束。在 300ms 或者 600ms SOA 时间间隔之后，作为目标刺激的字母呈现在屏幕左边或者右边直到被测试者按下应答按钮或者呈现时间超过 1200ms。实验 2 的流程如下：首先中心注视点显示在屏幕中心并保持 800ms，然后线索刺激被显示。在 50ms SOA 时间间隔之后，作为目标刺激的字母呈现在屏幕左边或者右边直到被测试者按下应答按钮或者呈现时间超过 1200ms。线索刺激的显示时间为 200ms，也就是说线索刺激将在目标刺激出现 150ms 后从屏幕上被移除。每次测试结束后一张不显示中心注视点的图像（即只包含两个方框）被显示在屏幕上 1000ms 作为多次测试之间的间隔图形。实验 3 的流程如下：首先中心注视点显示在屏幕中心并保持 800ms，然后线索刺激被显示。在 200ms 时间间隔之后，线索刺激显示完毕，中心注视刺激被重新显示 200ms。之后中心十字的厚度在 100ms 时间内突然变粗又变回原样，200ms 后作为目标刺激的字母呈现在屏幕左边或者右边直到被测试者按下应答按钮或者呈现时间超过 1200ms，也就是说 SOA 为 700ms。每次测试结束后一张不显示中心注视点的图像（即只包含两个方框）被显示在屏幕上 1000ms 作为多次测试之间的间隔图形。被测试者的任务是对目标刺激的出现做出快速的反应，按下键盘上的"SPACE"按钮。被测试者被告知中心线索刺激并不能预测目标刺激出现的具体位置，线索指示方位、目标出现的位置都是随机选择的。

10.2.6　实验结果

在实验 1 中被测试者错过了约 1.7% 的目标刺激并在约 0.19% 的错误捕捉测试中按下了应答按钮。低于 100ms 或者高于 1000ms 的响应时间被作为错误数据不进行分析。此外，在各种实验情况下，超过被测试者平均反应时两倍标准差的反应时也被移除。最终导致约 4.13% 的测试结果被移除。表 10-1 显示了不同情况下被测试者的平均错误率。

表 10–1　实验 1 中各种情况下的平均错误率（ER）和标准差（SD）

	300ms				600ms			
	有效		无效		有效		无效	
	ER	SD	ER	SD	ER	SD	ER	SD
Pre–300ms								
前次有效	4.1%	5.2	5.2%	3.4	4.2%	3.2	3.5%	6.1
前次无效	6.1%	4.3	6.0%	3.1	5.8%	4.6	5.4%	3.2
Pre–600ms								
前次有效	5.6%	2.7	5.4%	5.5	5.3%	3.0	4.9%	3.5
前次无效	5.0%	5.2	5.2%	3.4	5.0%	3.1	4.8%	5.7

表 10–2　实验 1 中各种情况下的平均反应时（RT）和标准差（SD）

	300ms				600ms			
	有效		无效		有效		无效	
	RT	SD	RT	SD	RT	SD	RT	SD
Pre–100ms								
前次有效	360.8	48.3	370.2	41.0	366.9	43.1	373.5	40.1
前次无效	347.8	40.3	360.6	36.3	354.4	42.7	357.4	36.9
Pre–700ms								
前次有效	372.0	40.8	385.0	37.6	373.1	42.4	379.6	40.1
前次无效	347.3	45.4	363.6	41.7	353.0	42.0	358.7	36.3

表 10–2 显示了实验 1 中不同情况下被测试者的平均反应时。2（前次 SOA：pre–300ms 和 pre–600ms）×2（当前 SOA：300ms 和 600ms）×2（前次线索有效性：有效和无效）×2（当前线索有效性：有效和无效）的重复测量方差分析（ANOVA）被用于分析相应情况下的反应时。当前线索有效性的主效应显著，$F_{(1, 30)}=18.548$，$p<.001$，说明产生了线索提示效应。前次线索有效性和当前线索有效性的交互作用显著，$F_{(1, 30)}=4.295$，$P=.047$，说明线索提示效应在前次线索有效情况下比在前次线索无效情况下更强，即产生了典型的时序效应。其他达到显著的因素有：前次 SOA 的主效应，$F_{(1, 30)}=14.203$，$P=.001$，说明前次 SOA 较短情况下的 RT 较短；当前 SOA 的主效应，$F_{(1, 30)}=31.353$，$p<.001$，说明较长 SOA 情况下的 RT 较短；前次 SOA 和当前 SOA 的交互作用，$F_{(1, 30)}=8.012$，$P=.008$，说明前次 SOA 较短情况下的 RT 较短的趋势主要出现在当前 SOA 较短情况下。没有其他因素或者交互达到显著。

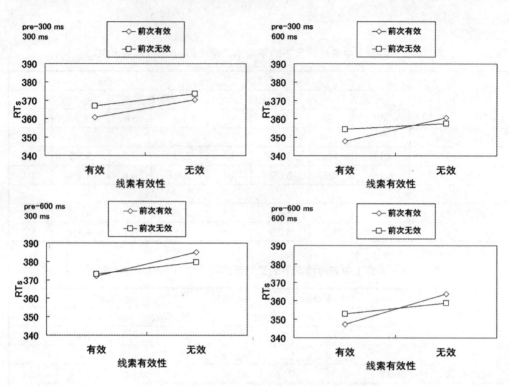

图 10-1　实验 1 中各种情况下的平均反应时（RTs）变化趋势的示意图

表 10-3　实验 1 中各种情况下的平均反应时（RT）、平均错误率（ER）和相应的标准差（SD）

	RTs				ERs			
	有效		无效		有效		无效	
	RT	SD	RT	SD	ER	SD	ER	SD
线索方向重复								
前次有效	367.7	33.2	364.0	37.8	5.0%	3.6	5.3%	2.6
前次无效	360.2	41.8	372.9	42.4	5.4%	2.5	5.9%	3.4
线索方向改变								
前次有效	351.5	42.1	376.6	36.5	5.2%	2.3	5.5%	2.4
前次无效	363.0	39.6	363.8	35.2	4.6%	2.7	4.9%	2.4

　　表 10-3 显示了实验 1 中考虑线索方向在前后测试中改变或重复情况下被测试者的平均反应时和平均错误率。2（前次线索有效性：有效和无效）×2（线索方向：重复和改变）×2（当前线索有效性：有效和无效）的重复测量方差分析（ANOVA）被用于分析相应情况下的反应时。当前线索有效性的主效应显著，F（1，30）=25.844，P<.001，说明产生了线索提示效应。前次线索有效性和当前线索有效性的交互作用未达到显著，F（1，30）=1.505，P=.229，但是线索方向 × 前

次线索有效性 × 当前线索有效性的交互作用显著，F（1，30）=37.846，P<.001，说明线索提示效应在前次线索有效情况下比在前次线索无效情况下更强，即产生了典型的时序效应，但这一趋势只在线索方向改变情况下出现。其他达到显著的因素有：线索方向和当前线索有效性的交互作用显著，F（1，30）=5.196，P=.030，说明线索方向改变情况下的线索提示效应较强。没有其他因素或者交互达到显著。

在实验2中被测试者错过了约2.7%的目标刺激并在约0.17%的错误捕捉测试中按下了应答按钮。低于100ms或者高于1000ms的响应时间被作为错误数据不进行分析。此外，在各种实验情况下，超过被测试者平均反应时两倍标准差的反应时也被移除。最终导致约2.4%的测试结果被移除。

表10–4 实验2中各种情况下的平均反应时（RT）、平均错误率（ER）和标准差（SD）

	RTs				ERs			
	有效		无效		有效		无效	
	RT	SD	RT	SD	ER	SD	ER	SD
前次有效	391.2	35.4	416.8	46.7	5.7%	2.1	5.2%	2.3
前次无效	398.4	36.5	412.6	45.6	5.9%	2.3	5.9%	2.9

表10–4显示了实验2中不同情况下被测试者的平均反应时和平均错误率。2（前次线索有效性：有效和无效）×2（当前线索有效性：有效和无效）的重复测量方差分析（ANOVA）被用于分析相应情况下的反应时。当前线索有效性的主效应显著，F（1，30）=51.503，P<.001，说明产生了线索提示效应。前次线索有效性和当前线索有效性的交互作用显著，F（1，30）=12.153，P=.002，说明线索提示效应在前次线索有效情况下比在前次线索无效情况下更强，即产生了典型的时序效应。没有其他因素或者交互达到显著。

表10–5显示了实验2中考虑线索方向在前后测试中改变或重复情况下被测试者的平均反应时和平均错误率。2（前次线索有效性：有效和无效）×2（线索方向：重复和改变）×2（当前线索有效性：有效和无效）的重复测量方差分析（ANOVA）被用于分析相应情况下的反应时。当前线索有效性的主效应显著，F（1，30）=39.854，P<.001，说明产生了线索提示效应。前次线索有效性和当前线索有效性的交互作用达到显著，F（1，30）=5.830，P=.022，说明线索提示效应在前次线索有效情况下比在前次线索无效情况下更强，即产生了典型的时序效应。但是线索方向 × 前次线索有效性 × 当前线索有效性的交互作用达到了微弱的显著，F（1，30）=3.174，P=.085，说明时序效应主要出现在线索方向改变情况下。其他达到显著的因素有：线索方向和当前线索有效性的交互作用显著，F（1，30）=17.248，

P<.001，说明线索方向改变情况下的线索提示效应较强。没有其他因素或者交互达到显著。

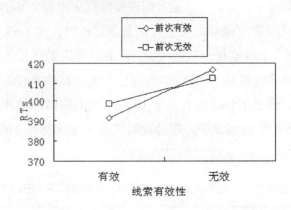

图 10-2　实验 2 中各种情况下的平均反应时（RTs）变化趋势的示意图

表 10-5　实验 2 中各种情况下的平均反应时（RT）、平均错误率（ER）和相应的标准差（SD）

	RTs				ERs			
	有效		无效		有效		无效	
	RT	SD	RT	SD	ER	SD	ER	SD
线索方向重复								
前次有效	400.5	36.3	410.0	45.0	5.2%	3.5	5.3%	2.8
前次无效	399.7	37.6	408.4	50.2	6.1%	3.3	5.9%	3.6
线索方向改变								
前次有效	387.2	37.7	422.5	51.4	5.6%	2.5	5.6%	2.8
前次无效	397.5	39.8	413.3	50.2	5.4%	1.9	6.0%	3.2

　　在实验 3 中被测试者错过了约 1.3% 的目标刺激并在约 0.8% 的错误捕捉测试中按下了应答按钮。低于 100ms 或者高于 1000ms 的响应时间被作为错误数据不进行分析。此外，在各种实验情况下，超过被测试者平均反应时两倍标准差的反应时也被移除。最终导致约 4.0% 的测试结果被移除。

表 10-6　实验 3 中各种情况下的平均反应时（RT）、平均错误率（ER）和标准差（SD）

	RTs				ERs			
	有效		无效		有效		无效	
	RT	SD	RT	SD	ER	SD	ER	SD
前次有效	421.5	58.2	393.5	56.9	5.9%	5.6	5.6%	3.9
前次无效	424.6	57.4	394.7	55.8	5.9%	3.2	6.2%	3.4

　　表 10-6 显示了实验 3 中不同情况下被测试者的平均反应时和平均错误率。2

（前次线索有效性：有效和无效）×2（当前线索有效性：有效和无效）的重复测量方差分析（ANOVA）被用于分析相应情况下的反应时。当前线索有效性的主效应显著，F（1，30）=87.387，P<.001，说明产生了 IOR 效应，即线索无效情况下的RT 比有效情况下要快。前次线索有效性和当前线索有效性的交互作用未达到显著，F（1，30）=0.335，P=.567，说明未产生显著的时序效应。没有其他因素或者交互达到显著。

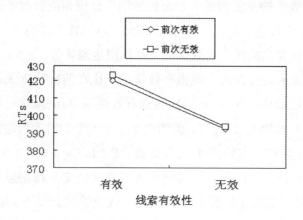

图 10-3　实验 3 中各种情况下的平均反应时（RTs）变化趋势的示意图

表 10-7　实验 3 中各种情况下的平均反应时（RT）、平均错误率（ER）和标准差（SD）

	RTs				ERs			
	有效		无效		有效		无效	
	RT	SD	RT	SD	ER	SD	ER	SD
线索方向重复								
前次有效	428.4	67.5	392.8	55.1	5.2%	4.5	5.3%	4.8
前次无效	423.2	57.8	396.4	59.8	5.6%	2.7	6.1%	4.0
线索方向改变								
前次有效	420.5	57.9	394.5	59.5	6.2%	6.2	6.1%	3.5
前次无效	426.8	58.5	394.3	55.2	6.4%	4.7	5.8%	4.4

表 10-7 显示了实验 3 中考虑线索方向在前后测试中改变或重复情况下被测试者的平均反应时和平均错误率。2（前次线索有效性：有效和无效）×2（线索方向：重复和改变）×2（当前线索有效性：有效和无效）的重复测量方差分析（ANOVA）被用于分析相应情况下的反应时。当前线索有效性的主效应显著，F（1，30）=95.869，P<.001，说明产生了 IOR 效应。前次线索有效性和当前线索有效性的交互作用未达到显著，F（1，30）=0.091，P=.765。但是线索方向 × 前次线

索有效性 × 当前线索有效性的交互作用达到了微弱的显著，F（1，30）=3.740，P=.063，说明微弱的时序效应出现在线索方向改变的情况下。没有其他因素或者交互达到显著。

10.2.7 子实验间的比较

首先，2（实验：1 和 2）×2（前次线索有效性：有效和无效）×2（当前线索有效性：有效和无效）的重复测量方差分析被用于分析相应情况下的反应时。当前线索有效性的主效应显著，F（1，30）=76.255，P<.001，说明产生了线索提示效应。前次线索有效性和当前线索有效性的交互作用达到显著，F（1，30）=17.425，P<.001，说明线索提示效应在前次线索有效情况下比在前次线索无效情况下更强，即产生了典型的时序效应。实验 × 前次线索有效性 × 当前线索有效性的交互作用不显著，F（1，30）=0.954，P=.337，说明两个实验产生的时序效应没有显著区别。其他达到显著的因素有：实验的主效应显著，F（1，30）=84.279，P<.001，说明实验 1 中的 RT 比实验 2 快；实验和当前线索有效性的交互作用显著，F（1，30）=9.357，P=.005，说明实验 2 情况下的线索提示效应较强。没有其他因素或者交互达到显著。

其次，2（实验：1 和 3）×2（前次线索有效性：有效和无效）×2（当前线索有效性：有效和无效）的重复测量方差分析被用于分析相应情况下的反应时。当前线索有效性的主效应显著，F（1，30）=28.065，P<.001，说明产生了线索提示效应。前次线索有效性和当前线索有效性的交互作用达到了微弱的显著，F（1，30）=4.012，P=.054，说明线索提示效应在前次线索有效情况下比在前次线索无效情况下更强，即产生了典型的时序效应。实验 × 前次线索有效性 × 当前线索有效性的交互作用不显著，F（1，30）=0.975，P=.331，说明两个实验产生的时序效应没有显著区别。其他达到显著的因素有：实验的主效应显著，F（1，30）=29.083，P<.001，说明实验 1 中的 RT 比实验 3 快；实验和当前线索有效性的交互作用显著，F（1，30）=109.524，P<.001，说明实验 1 情况下的线索提示效应和实验 3 情况下的线索效应（即 IOR）变化趋势方向不同。没有其他因素或者交互达到显著。

再次，2（实验：2 和 3）×2（前次线索有效性：有效和无效）×2（当前线索有效性：有效和无效）的重复测量方差分析（ANOVA）被用于分析相应情况下的反应时。当前线索有效性的主效应显著，F（1，30）=4.985，P=.033，说明产生了线索提示效应。前次线索有效性和当前线索有效性的交互作用达到显著，F（1，30）=12.308，P=.001，说明线索提示效应在前次线索有效情况下比在前次线索无效情况下更强，即产生了典型的时序效应。实验 × 前次线索有效性 × 当前线索有效性的交互作用不显著，$F_{(1, 30)} = 3.001$，$P = .093$，说明两个实验产生的时序效应没有显著区别。其他达到显著的因素有：实验和当前线索有效性的交互作用显著，$F_{(1, 30)} = 130.187$，$p < .001$，说明实验 2 情况下的线索提示效应和实验 3 情况下的线索效应（即 IOR）变化趋势方向不同。没有其他因素或者交互达到显著。

最后，3（实验：1、2 和 3）× 2（前次线索有效性：有效和无效）× 2（当前线索有效性：有效和无效）的重复测量方差分析（ANOVA）被用于分析相应情况下的反应时。当前线索有效性的主效应未达到显著，$F_{(1, 30)} = 0.003$，$P = .960$，说明未产生显著的线索提示效应。前次线索有效性和当前线索有效性的交互作用达到显著，$F_{(1, 30)} = 19.927$，$P < .001$，说明线索提示效应在前次线索有效情况下比在前次线索无效情况下更强，即产生了典型的时序效应。实验 × 前次线索有效性 × 当前线索有效性的交互作用不显著，$F_{(1, 30)} = 1.762$，$P = .181$，说明 3 个实验产生的时序效应没有显著区别。其他达到显著的因素有：实验的主效应显著，$F_{(1, 30)} = 25.894$，$P < .001$，说明实验 1 中的 RT 比实验 2 和 3 快；实验和当前线索有效性的交互作用显著，$F_{(1, 30)} = 90.191$，$P < .001$，说明实验 1 和 2 情况下的线索提示效应和实验 3 情况下的线索效应（即 IOR）变化趋势方向不同。没有其他因素或者交互达到显著。

10.3　讨　论

实验 1 的结果重现了前人关于箭头线索所引起的时序效应的研究发现。我们不但发现了中心箭头线索能够引起显著的时序效应，还发现了线索刺激的方向对时序效应具有显著的影响。根据 Qian、Song、Shinomori 和 Wang（2012）的研究，这一线索刺激方向的影响很可能源于线索刺激方向和目标刺激位置在前后测试之间的改变对反应时所起到的加快作用。

实验 2 的结果重现了前人关于周边线索在较短的 SOA 情况下所引起的时序效应的研究发现，这说明箭头线索和周边线索都能够引起时序效应的产生。然而，线索刺激方向对时序效应的影响仅达到了微弱的显著，这就说明可能中心线索和周边线索引起的时序效应确实存在一定的差异。

实验 3 的结果与我们所期待的不是很一致。首先，虽然 IOR 效应很显著，但是时序效应却未达到显著，这与 Dodd 和 Pratt（2007）的发现不一致。其次，进一步考虑线索刺激方向的影响后，当线索刺激方向改变时，有微弱的时序效应出现。基于当前结果，我们并不能得出进一步的结论，周边线索在 IOR 阶段所引起的时序效应的产生机制还需要更多的实验数据来揭示。

综合各个实验的结果，我们可以得出结论：中心线索和周边线索都能够引起时序效应的产生，而在产生的具体细节上，例如是否受到线索方向和目标位置改变的影响可能存在一些差异。此外，在 IOR 阶段的时序效应的产生条件以及是否与其他阶段的时序效应具有不同的性质还需要进一步的研究才能够得出结论。

参考文献

Dodd, M.D., & Pratt, J.（2007）.The effect of previous trial type on inhibition of return.Psychol Res, 71（4）, 411-417.

Hommel, B., Pratt, J., Colzato, L., & Godijn, R.（2001）.Symbolic control of visual attention.Psychological Science, 12, 360-365.

Mordkoff, J.T., Halterman, R., & Chen, P.（2008）.Why does the effect of short-SOA exogenous cuing on simple RT depend on the number of display locations? Psychon Bull Rev, 15（4）, 819-824.doi：10.3758/pp.15.4.819.

Posner, M.（1980）.Orienting of attention.Quarterly Journal of Experimental Psychology, 32, 3-25.

Qian, Q., Shinomori, K., & Song, M.（2012）.Sequence effects by non-predictive arrow cues.Psychol Res, 76（3）, 253-262.doi：10.1007/s00426-011-0339-2.

Qian, Q., Song, M., Shinomori, K., & Wang, F.（2012）.The functional role of alternation advantage in the sequence effect of symbolic cueing with nonpredictive arrow cues.Atten Percept Psychophys, 74（7）, 1430-1436.doi：10.3758/s13414-012-0337-5.

Ristic, J., & Kingstone, A.（2012）.A new form of human spatial attention：Automated symbolic orienting.Visual Cognition, 20, 244-264.

附 录

表 10-8　实验 1 中各种情况下的平均反应时（RT）、平均错误率（ER）和标准差（SD）

	RTs				ERs			
	有效		无效		有效		无效	
	RT	SD	RT	SD	ER	SD	ER	SD
前次有效	357.4	38.5	370.1	36.1	5.0%	2.0	5.4%	1.9
前次无效	361.0	40.0	366.8	35.8	5.1%	1.7	4.7%	2.4

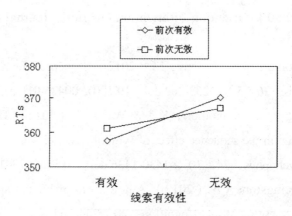

图 10-4　实验 1 中各种情况下的平均反应时（RTs）变化趋势的示意图